"十四五"普通高等教育输电线路工程系列教材

电力电缆线路设计、施工及运检

主　编　祝贺

编　写　邢　爽　宁喜亮　王新颖

主　审　徐建源

中国电力出版社
CHINA ELECTRIC POWER PRESS

内 容 提 要

本书为"十四五"普通高等教育输电线路工程系列教材。

本书共分 7 章，主要包括电力电缆基础知识、电力电缆线路设计基本原理、电力电缆试验、电力电缆终端和接头、电力电缆敷设、电力电缆线路运行和检修、电力电缆故障测寻等。

本书为高等院校输电线路工程及相关专业的本科教材，也可作为高职高专及函授教材和电力电缆专业技术培训教材，还可供从事电力电缆施工、运行和管理人员使用，以及电力电缆设计人员参考。

图书在版编目（CIP）数据

电力电缆线路设计、施工及运检/祝贺主编 . —北京：中国电力出版社，2021.3（2024.7 重印）
"十四五"普通高等教育输电线路工程系列教材
ISBN 978 - 7 - 5198 - 5093 - 7

Ⅰ. ①电⋯ Ⅱ. ①祝⋯ Ⅲ. ①电力电缆—输配电线路—设计—高等学校—教材②电力电缆—电缆敷设—高等学校—教材③电力电缆—电力系统运行—高等学校—教材 Ⅳ. ①TM757②TM726

中国版本图书馆 CIP 数据核字（2021）第 022245 号

出版发行：中国电力出版社
地　　址：北京市东城区北京站西街 19 号（邮政编码 100005）
网　　址：http://www.cepp.sgcc.com.cn
责任编辑：罗晓莉（010 - 63412547）
责任校对：黄　蓓　马　宁
装帧设计：郝晓燕
责任印制：吴　迪

印　　刷：北京天泽润科贸有限公司
版　　次：2021 年 3 月第一版
印　　次：2024 年 7 月北京第五次印刷
开　　本：787 毫米×1092 毫米　16 开本
印　　张：7.5
字　　数：175 千字
定　　价：30.00 元

前　言

　　电力电缆是对电能进行分配与传输的重要载体，相较于传统的架空线路而言，电力电缆具有人力资源投入少、节省空间占用、安全系数更高等优点，因而颇受业界青睐。进入 21 世纪后，经济建设的持续稳定发展使城市规模不断扩大，城市边界不断外延，城乡一体化进程不断加快，电力线路建设中电力电缆所占比重也在不断增加，尤其是在城市中心区域和工矿企业内部供电以及江海水下电能传输等方面，电力电缆的优势尤为突出。

　　电力电缆行业发展迅速，电力电缆的相关知识越来越受到人们的重视。无论是基础理论计算的深化、计算标准的完善，还是电力电缆运维和检修等，都有新的内容补充和创新。本书介绍了电力电缆的基础理论知识，着重阐述了电力电缆终端和接头、电力电缆的敷设及电力电缆线路运维和检修，重点放在基本概念、基本原理和基本方法上，尽量避开复杂的理论分析和公式推导。

　　本书撰写时依据我国现行的 GB 50217—2018《电力工程电缆设计标准》、GB/T 3048—2007《电线电缆电性能试验方法》等新标准、新规范，参考了业内专家编撰的部分专业书籍，并融合了作者多年关于电力电缆的计算、运维和检修等方面的专业实践经验。本书第一章、第二章、第四章、第五章由东北电力大学祝贺编写；第三章由东北电力大学邢爽编写；第六章由东北电力大学宁喜亮编写；第七章由东北电力大学王新颖编写。

　　限于作者水平有限，书中贻误、遗漏之处在所难免，殷切希望广大读者阅读后提出宝贵意见。

编者

2020 年 10 月

目　　录

第一章 电力电缆基础知识

第一节 电力电缆应用

近二十多年来,我国电力电缆及附件的研究、制造和应用有了迅速发展。1990 年,国产 110kV 交联聚乙烯电力电缆在电力系统投入运行。从此,在电站建设和城市电网建设中,110kV 及以下电压等级交联聚乙烯电力电缆逐步成为首选产品。1999 年起,国产 220kV 交联聚乙烯电力电缆投入运行。目前,高电压、大容量、大长度电力电缆的研制和应用不断取得进展,电力电缆以其独具的特点得到了广泛应用。

当今世界,环境保护越来越受到人们重视。在我国,环保型电力电缆材料的研究已经起步。影响环保的传统材料,如铅等重金属、聚氯乙烯(PVC)以及对环境有害材料的使用将得到严格控制,逐步被与环境友好的新型材料所取代。

一、电力电缆特点

与架空线相比,电力电缆具有下述优点:①电力电缆敷设在地下,基本上不占用地面空间,同一地下电力电缆通道可以容纳多回电力电缆线路;②在城市道路和大型工厂采用电力电缆输配电,有利于市容、厂容整齐美观;③电力电缆供电,对人身比较安全,自然气象因素(如风雨、雷电、盐雾、污秽等)和周围环境对电力电缆影响较小,因此电力电缆线路供电可靠性较高;④电力电缆线路运行维护方便、费用较少。

电力电缆线路的缺点:①建设投资费用较高,一般电力电缆线路工程总投资是相同输送容量架空线路的 5～7 倍;②电力电缆线路故障测寻和修复时间较长;③电力电缆不容易分支。

二、电力电缆作用

电力电缆是电网中传输和分配电能的重要元件,特别是在以下场合被广泛应用,起着架空线无法替代的重要作用:①电力线路密集的发电厂和变电站;②现代大、中城市的繁华市区、高层建筑区和主要道路;③供电可靠性和安全运行要求较高的重要线路和重要负荷用户;④建筑面积较大、负荷密度较高的住宅区和依据城市规划架空线不能或不宜架设的街道或地区。

此外,电力电缆电容能起到改善电力系统功率因数的作用,能有效降低供电成本。

第二节 电力电缆结构

一、电力电缆结构

电力电缆能适应地下、水底等各种敷设环境,能满足长期、安全传输电能的需要。电力电缆的结构比架空线复杂,除具有传输电能的线芯(导体)外,还具有能承受电网电压的绝缘层和包覆在绝缘层外,使其不受外界环境影响和防止机械损伤的保护层。6kV 及以上电压等级的电力电缆,导体外与绝缘层外还有用半导体或金属材料制成的屏蔽层。

（一）导体

导体是电力电缆中具有传导电流特定功能的部件。

1. 电力电缆导体材料和结构

（1）电力电缆导体材料。常用电力电缆导体材料是金属铜和铝，其具有导电率大、机械强度高、易于加工等优点。其主要性能见表1-1（不同规格型材的数据与此略有差异）。

表1-1　　　　　　　　　　　　　　铜和铝的主要性能指标

导体材料 性能指标	铜	铝
密度（g/cm³）	8.89	2.70
20℃时电阻率（Ω·m）	1.724×10^{-8}	2.80×10^{-8}
电阻温度系数（1/℃）	0.00393	0.00407
抗拉强度（N/mm²）	200~210	70~95

（2）电力电缆导体结构。为满足电力电缆的柔韧性和可曲度要求，电力电缆导体由多根导丝绞合而成。绞合导体有圆形、扇形、腰圆形和中空圆形等种类。圆形绞合导体几何形状固定，稳定性较好，表面电场比较均匀。10kV及以上电压等级的交联聚乙烯电力电缆，采用圆形绞合导体结构。中空圆形导体适用于自容式充油电力电缆，其圆形导体中央以硬铜带螺旋管支撑形成中心油道，或者以型线（Z形线或弓形线）组成中空圆形导体。1kV及以下电压等级的挤包电力电缆，为了减小电力电缆直径、节约材料消耗，一般采用扇形或腰圆形绞合导体结构。

绞合导体经过紧压模（辊）紧压，成为紧压导体。扇形和腰圆形导体，均采用紧压结构。圆形绞合导体为避免在挤压和交联时绝缘料被挤进导体间隙，以及水分通过导体间隙扩散，交联聚乙烯电力电缆必须采用紧压结构。导体经过紧压，每根导丝不再是圆形，而呈现不规则形状，断面如图1-1所示。

（二）绝缘层

电力电缆绝缘层具有耐受电网电压的特定功能。在电力电缆使用寿命期间，绝缘层材料应具有以下稳定特性：①较高的绝缘电阻和工频、脉冲击穿强度；②优良的耐树脂放电和耐局部放电性能；③较低的介质损耗角正切值（tanδ），以及一定的柔软性和机械强度。电力电缆绝缘有挤包绝缘和压力电力电缆绝缘两种。

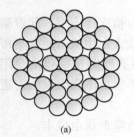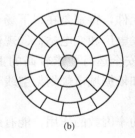

图1-1　圆形绞合导体紧压前后的断面
(a) 紧压前；(b) 紧压后

1. 挤包绝缘

用于挤包绝缘的电力电缆材料有交联聚乙烯、聚氯乙烯、聚乙烯、乙丙橡胶等。

（1）交联聚乙烯绝缘。交联聚乙烯（cross linked polyethylene，XLPE）是利用物理方法（如用高能粒子射线辐照）或化学方法（如加入过氧化物化学交联剂或用硅烷接枝等）来夺取聚乙烯中的氢原子，形成带有活性基的聚乙烯分子，使原来线型或支链型结构的聚乙烯经过交联反应成为三维网状结构的交联聚乙烯，从而使材料的电气性能、耐热性能、耐老化性能和机械性能得到明显提高。它的长期允许工作温度可达 90℃，允许过载温度为 105～130℃，允许短路温度为 250℃。

（2）其他挤包绝缘。聚氯乙烯、聚乙烯和乙丙橡胶主要性能如下：

1）聚氯乙烯（polyvinyl chloride，PVC）。以聚氯乙烯树脂为主要原料，加入增塑剂、稳定剂、填充剂等配合剂经混合塑化、造粒而制得聚氯乙烯塑料。聚氯乙烯的优点是电气性能、工艺性能和机械强度较好，具有较强的耐酸性、耐碱性和耐油性能，且不延燃。缺点是耐热性能较低，绝缘电阻率小，介质损耗大，只能用于 6kV 及以下电压等级的电力电缆绝缘。

2）聚乙烯（polyethylene，PE）。是由乙烯或乙烯与少量 α—烯烃聚合而制得的高聚物。聚乙烯按其密度分为低密度聚乙烯（LDPE）、中密度聚乙烯（MDPE）和高密度聚乙烯（HDPE）。根据分子量的大小分为高分子量聚乙烯和低分子量聚乙烯。高分子量聚乙烯具有较好的物理力学性能，但加工性能趋向困难。聚乙烯具有优良的电气性能，$\tan\delta$ 值和介电常数都较小。加入适量的添加剂，可提高聚乙烯的耐电晕、耐热性和机械强度，并使环境应力开裂性能得到改善。

3）乙丙橡胶（ethylene propylene rubber，EPR）。由乙烯和丙烯共聚而成的新型合成橡胶，乙丙橡胶具有良好的电气性能、耐热性能、耐臭氧和耐气候性能。

除上述材料外，用作电力电缆绝缘的材料还有天然橡胶、丁苯橡胶、丁基橡胶和硅橡胶等。

2. 压力电力电缆绝缘

压力电力电缆绝缘是处于一定压力下的油纸绝缘（自容式充油电力电缆是压力电力电缆的一种），其油道与补充浸渍剂设备（供油箱）相连。当电力电缆温度升高时，浸渍剂膨胀，多出的某一体积的油通过油道流至供油箱。而当温度降低时，浸渍剂收缩，供油箱中的浸渍剂又通过油道返回绝缘层，以填补空隙。这样既消除了气隙的产生，又避免电力电缆中产生过高的压力。为了浸渍剂在电力电缆中流动顺畅，应选用低黏度油（如十二烷基苯等）。充油电力电缆绝缘的浸渍剂应保持正压力（即高于大气压），以防止外界潮气侵入绝缘内。

（三）保护层

1. 电力电缆保护层作用

保护层能使电力电缆在使用寿命期间绝缘层不受水分、潮气及其他有害物质浸入，承受安装与运行条件下的一般机械外力，使电力电缆不受机械损伤和各种环境因素影响，确保电力电缆绝缘的电气性能长期稳定。

2. 电力电缆保护层结构

电力电缆保护层的结构取决于电力电缆的电压等级、绝缘材料和使用环境。典型的保护层包括内护套和外护套两部分。紧贴绝缘层的内护套是电力电缆绝缘的直接保护层，外护套是内护套的保护层，它包裹在内护套外面，增加电力电缆受拉、抗压的机械强度，防止护套腐蚀及避免受到其他损害。通常，外护套由内衬层、铠装层和外被层三个同心圆层组成。充油电力电缆的外护套属于特种外护层，为承受电力电缆内部油压，铅护套充油电力电缆应有金属加强结构。

按所用材料不同，护套分为金属护套、非金属（橡胶）护套和组合护套三种。

（1）金属护套。金属护套具有完全不透水性。110kV 及以上电压等级的交联聚乙烯电力电缆应采用金属护套。按加工方式不同，金属护套分为热压金属护套和焊接金属护套。金属护套材料有铅、铝和钢。铅和铝的主要性能见表 1-2。

表 1-2   铅和铝的主要性能指标

性能 \ 护套材料	铅	铝
密度（g/cm³）	11.34	2.70
熔点（℃）	327	658
线膨胀系数（10^{-6}/℃）	29.1	23.7
抗张强度（N/mm²）	18～20	85
20℃时电阻率（Ω·m）	22×10^{-8}	2.8×10^{-8}
挤压温度（℃）	260	500
挤压压力（N/mm²）	200	500
硬度（HB）	4	20

铅的优点是熔点较低、质地较软、完全不透水、容易加工、化学稳定性好、耐腐蚀性能好。缺点是机械强度较差、密度较大，具有蠕变性和疲劳龟裂性。

电力电缆铅护套是铅、锑、铜合金，其中含锑 0.4%～0.8%，含铜 0.02%～0.06%，其余为铅。铅锑铜合金的机械强度和耐震性能，比纯铅有较大提高，其耐振动疲劳次数，在相同应力作用下，要比纯铅高 2.7 倍左右。

与铅护套相比，铝护套有其突出的优点。铝的密度还不到铅的 1/4，而抗张强度几乎是铅的 5 倍。铝的蠕动性和疲劳龟裂性比铅合金要小得多。

铝的熔点较高，约为铅的 2 倍。因此，铝不能像压铅那样采取熔融挤出法制作护套。电力电缆铝护套的制作要用专门设备——压铝机。为了解决铝护套电力电缆敷设施工时能按允许半径弯曲，直径在 40mm 以上的铝包应增加轧纹工艺，即轧成波纹铝护套。铝的耐蚀性比铅差，因此，用于直埋、管道及水下敷设的铝护套电力电缆应有防水性能较好的外护套。

（2）非金属（橡胶）护套。非金属护套有一定透水性，用于本身具有较高耐湿性的高聚物为绝缘的电力电缆。非金属护套的材料是橡胶和塑料，如聚氯乙烯、聚乙烯、氯丁橡胶、丁腈橡胶等。聚乙烯的防水性能比聚氯乙烯好。

（3）组合护套（护层）。组合护层也叫综合护层，或称简易金属护层。一般用薄铝带纵向绕包，带边重叠，然后涂以沥青为基的防蚀涂料，再挤包添加碳黑 2%～3% 的低密度聚乙烯护套。组合护层仍具有塑料电力电缆的柔软、轻便的特性，而由于铝带的隔潮作用，其透水性比单一的塑料护套要低得多。

3. 外护层作用和结构

（1）外护层作用。外护层是包裹在电力电缆护套外面，保护电力电缆免受机械损伤和腐蚀或兼具其他特种作用的保护覆盖层。电力电缆外护层的结构主要取决于护套种类和敷设环境要求。

（2）金属护套电力电缆通用于护层结构，一般分为内衬层、铠装层和外被层三部分。

1) 内衬层。内衬层是介于金属护套和铠装层之间的同心圆层，其作用是保护护套不被铠装轧伤。内衬层的厚度与电力电缆直径有关，直径较大，内衬层较厚，一般为 0.4～2mm。内衬层有绕包型和挤出型两种，绕包型内衬层的材料为沥青涂料、塑料带、无纺布等，挤包型内衬层材料为沥青涂料加聚氯乙烯或聚乙烯套；

2) 铠装层。在电力电缆承受压力或拉力的场合，应用铠装层使电力电缆具备必需的机械强度。铠装层的材料主要是钢带或钢丝。钢带铠装能承受压力，适应于地下直埋敷设，钢丝铠装能承受拉力，适应于水底或垂直敷设；

3) 外被层。外被层是铠装外的防腐层，能防止铠装层和金属护套遭受电化学腐蚀。外被层一般用聚氯乙烯或聚乙烯经挤包法制成。对外被层材料经过适当特殊处理，可制成与某些特定环境相适应的电力电缆，如阻燃电力电缆，防白蚁电力电缆等。

（3）铅套充油电力电缆特种外护层。铅套充油电力电缆特种外护层与通用外护层不同，它增加了一个"加强层"，以承受充油电力电缆的内部油压力。加强层的结构为绕包径向铜带或径向不锈钢带，在电力电缆承受纵向张力的使用环境，或者为适应通过系统短路电流的需要，在径向铜带或径向不锈钢带外面，再增加纵向窄铜带或纵向窄不锈钢带。

（四）屏蔽层

1. 屏蔽层的作用和结构

电力电缆屏蔽层是电阻率很低且较薄的半导电层，它是改善电力电缆绝缘内电力线分布的一项措施，屏蔽层分为导体屏蔽（也称作内屏蔽）和绝缘屏蔽（也称作外屏蔽）。导体屏蔽是包覆在导体上的非金属或金属电气屏蔽，它与被屏蔽的导体等电位，并与绝缘层良好接触，使导体和绝缘界面表面光滑，消除界面处空隙对电性能的影响，避免在导体与绝缘层直接发生局部放电。

2. 交联聚乙烯电力电缆屏蔽层结构特点

（1）采用挤包半导电屏蔽层。为提高局部放电起始电压和绝缘耐冲击特性，改善绝缘层与外半导电层光滑度和黏着度，在封闭型、全干式交联生产流水线上，导体屏蔽、绝缘层和绝缘屏蔽采用三层同时挤出工艺。实行"三层共挤"，能使层间紧密结合，减少气隙、防止杂质和水分污染。

（2）绝缘屏蔽层有可剥离屏蔽和黏结屏蔽两种，后者需要用特殊工具、溶剂、加热或同时用上述几种方法才能除去。35kV 及以下电压等级电力电缆一般为可剥离屏蔽，110kV 及以上电压等级电力电缆应为黏结屏蔽。

（3）绝缘屏蔽外有金属屏蔽层，它是将电场限制在电力电缆内部和保护电力电缆免受外界电气干扰的外包接地屏蔽层。在系统发生短路故障时，金属屏蔽层是短路电流的通道。金属屏蔽层有铜带和铜丝两种，电压等级 35kV 及以上和截面积 500mm² 及以上的电力电缆应采用铜丝屏蔽。金属屏蔽层的截面积应根据系统短路容量、中性点接地方式经计算确定。为了使系统发生单相接地或不同点两相接地时，故障电流流过金属屏蔽层而不致将其烧损，金属屏蔽层截面积应符合表 1-3 要求。采用铅包或铝包金属套时，金属套可作为金属屏蔽层。

表 1-3　　　　　交联聚乙烯电力电缆金属屏蔽层界面（推荐值）

系统额定电压 $U(kV)$	6～10	35	66	110	220
金属屏蔽层截面（mm²）	25	35	50	75	95

第三节　电力电缆种类

电力电缆品种规格很多，通常按使用电压等级、绝缘结构及特殊用途分类。

一、按电压等级分类

电力电缆的额定电压以 $U_0/U(U_m)$ 表示。其中 U_0 是电力电缆导体和接地的外屏蔽层（或金属套）之间的额定工频电压（有效值），其值与系统相对地电压有关，但非相电压。U 是电力电缆任何两个导体之间的额定工作电压（有效值），即使用电力电缆的电力系统的标称电压（额定线电压）。U_m 是设计采用的电力电缆任何两个导体之间的最高工频电压（有效值），对于 220kV 及以下电压等级电力电缆，$U_m=1.15U$。

根据 IEC 标准推荐，电力电缆可按适应的额定线电压 U 为序，划分为低压、中压、高压、超高压特高压等类别，如表 1-4 所列。

表 1-4　　　　　　　　　　电力电缆按电压等级分类

电力电缆　　　电压	额定工作电压 U(kV)	额定电压 U_0/U (kV)
低压电力电缆	1	0.6/1
中压电力电缆	6~35	6/6, 6/10, 8.7/10, 12/20, 21/35, 26/35
高压电力电缆	66~150	38/66, 50/66, 64/110, 87/150
超高压电力电缆	220~500	127/220, 190/330, 290/500

二、按绝缘结构分类

（一）挤包绝缘电力电缆

以橡胶或塑料等高分子聚合物为绝缘，经挤出成型的电力电缆称为挤包绝缘电力电缆，也称橡塑电力电缆。包括聚氯乙烯（PVC）电力电缆、聚乙烯（PE）电力电缆、交联聚乙烯（XLPE）电力电缆和乙丙橡胶（EPR）电力电缆等。35kV 交联聚乙烯电力电缆结构如图 1-2 所示。

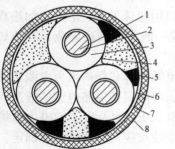

图 1-2　35kV 交联聚乙烯电力
电缆结构

1—导体；2—内半导电层；
3—交联聚乙烯绝缘；4—外半导电层；
5—填料；6—铜屏蔽；
7—包带；8—外护套

交联聚乙烯电力电缆与纸绝缘电力电缆相比，具有制造周期较短、安装较为简单以及能适应垂直敷设不受高差限制等优点。目前，我国 35kV 及以下电压等级中低压电力电缆，已由交联聚乙烯电力电缆逐步取代了纸绝缘电力电缆。交联聚乙烯电力电缆的使用电压等级已达到 500kV。

（二）压力电力电缆

在电力电缆中充以能够流动、具有一定压力的电力电缆油或气体的电力电缆称为压力电力电缆。压力电力电缆利用补充浸渍剂原理消除绝缘层中形成的气隙，或者用一定压力的油或气体填充或压缩绝缘纸层间的气隙，从而提高了绝缘工作场强。压力电力电缆除自容式充油电力电缆以外，还有钢管电力电缆和充气电力电缆。钢管电力电缆是将工厂中制造好的三根电力电缆芯敷设于钢管中，钢管内冲 1.4～1.5MPa 的电力电缆油或气体，以消除绝缘中气隙提高工作场强的电力电缆。充气电力电缆是用高压力的氮气填充油纸绝缘中气隙以提高绝缘性能的电力电缆。自容式充油电力电缆有单芯和三芯两种。220kV 单芯自容式充油电力电缆结构如图 1-3 所示。

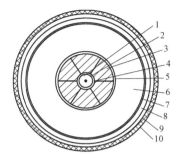

图 1-3　220kV 单芯自容式充油
电力电缆结构图
1—油道；2—螺旋管；3—导体；
4—分隔纸带；5—内屏蔽带；
6—绝缘层；7—外屏蔽带；
8—铅护套；9—加强带；10—外护套

充油电力电缆按油压大小分为下列三种：

(1) 低油压：0.02～0.3MPa；

(2) 中油压：0.4～0.8MPa；

(3) 高油压：1.0～1.5MPa。

三、按电力电缆特殊用途分类

(一) 输送大容量电能的电力电缆

1. 管道充气电力电缆

管道充气电力电缆（GIC）是以压缩的 SF_6 气体为绝缘的电力电缆，也称 SF_6 电力电缆。这种电力电缆相当于以 SF_6 气体为绝缘的封闭母线，SF_6 气体压力为 0.33～0.5MPa，适用于 500kV 及以上电压等级且输送容量 1000MVA 以上的大容量电站。尤其适用于高落差和防火要求较高的场所。管道充气电力电缆安装技术要求较高，成本较大，对 SF_6 气体的纯度要求很严，仅被用于电厂或变电站内短距离的电气联络线路。

2. 超导电力电缆

利用超低温下出现失阻现象（超导状态）的某些金属及其合金作为导体的电力电缆称为超导电力电缆。能在液氮温度 77K（－196℃）及以上温度下处于超导状态的超导体称为高温超导体，利用高温超导体为导体的电力电缆称为高温超导电力电缆。现在世界上投入商业运行的超导电力电缆均为高温超导电力电缆，即所需的低温冷却系统是在液氮温度下运行的。高温超导电力电缆的导体由多层高温超导带绕包而成，其外层必须有十分完善和严密的绝热层结构。高温超导电力电缆具有结构紧凑、传输容量大的特点。与相同截面普通铜导体电力电缆相比，高温超导电力电缆的载流量是普通电力电缆的 3～5 倍，一回路 35～220kV 超导电力电缆的传输容量可达 1～4GVA（1GVA＝1000MVA）。

(二) 防火电力电缆

防火电力电缆是具有防火性能电力电缆的总称，它包括阻燃电力电缆和耐火电力电缆两种。防火电力电缆用于有防火要求的场所，例如变配电站的电力电缆层、电力电缆沟、电力电缆隧道和竖井等。在这些场所，电力电缆比较密集，电力电缆周围媒质是空气，当一条电力电缆因自身故障或外界火源被点燃时，可能引燃相邻电力电缆。

阻燃电力电缆是以材料氧指数不小于 28 的聚烯烃作为外护套，具有阻滞、延缓火焰沿着其表面蔓延，使火灾不扩大的电力电缆，其型号以 Z（Zuran）表示；耐火电力电缆是当受到外部火焰以一定高温和时间作用期间，在施加额定电压状态下具有维持通电运行功能的电力电缆，其型号以 N（Naihuo）表示。

我国现行防火电力电缆有无卤（代号 W）、低卤（代号 D）和低烟（代号 D）等系列产品。其型号分别为无卤低烟阻燃电力电缆（WDZ）、低卤低烟阻燃电力电缆（DDZ）、无卤低烟耐火电力电缆（WDN）、低卤低烟耐火电力电缆（DDN）等，根据环境要求选择使用。

（三）光纤复合电力电缆

将光纤组合在电力电缆的结构层中，使其具有电力传输和光纤通信两种功能的电力电缆称为光纤复合电力电缆。与光纤复合架空地线（OPGW）一样，光纤复合电力电缆集两方面功能于一体，因而降低了工程建设投资和运行维护总费用，具有明显的技术经济意义。

图 1-4   20kV 带光纤的三芯交联聚乙烯海底
电力电缆结构

图 1-4 所示是 20kV 带光纤的三芯交联聚乙烯海底电力电缆结构。在制造过程中，这种电力电缆将光纤与三相电力电缆一起成缆，光纤位于电力电缆芯的空隙间，得到铠装和外护套的机械保护。

光纤复合电力电缆除上述典型结构外，还有将光纤组合在铠装层、屏蔽层或者导体中的。通常应根据光纤在电力系统中的作用、安装技术和工厂制造工艺条件等因素，确定光纤在电力电缆中的组合结构形式。

第四节 电 力 电 缆 型 号

一、电力电缆型号编制方法

我国电力电缆的产品型号以字母和数字为代号组合表示，其中以字母表示电力电缆的产品系列、导体、绝缘层、护套、特征及派生代号，以数字表示电力电缆外护层，如图 1-5 所示。完整的电力电缆产品型号还应包括电力电缆额定电压、芯数、标称截面和标准号。

1. 产品系列代号

产品系列代号是电力电缆型号的一个字母，其含义见表 1-5。

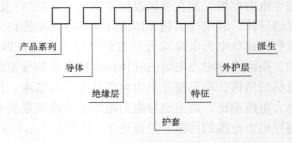

图 1-5   电力电缆型号

表 1-5   产 品 系 列 代 号 含 义

产品系列	代号	产品系列	代号
自容式充油电力电缆	CY	丁基橡胶电力电缆	XD
聚乙烯电力电缆	Y	阻燃电力电缆	ZR
交联聚乙烯电力电缆	YJ	耐火电力电缆	NH
聚氯乙烯电力电缆	V	导引电力电缆	D
控制电力电缆	K	光缆	G

2．导体代号

以 L 作为铝导体代号，铜导体代号 T 可省略。

3．绝缘层代号

绝缘层代号与产品系列代号相同时，可以省略。

4．护套代号

护套代号含义见表 1-6。

表 1-6　　　　　　　　　　护套代号含义

护套名称	代号	护套名称	代号
铅护套	Q	聚氯乙烯护套	V
铝护套	L	聚乙烯护套	Y
波纹铝护套	LW	橡套	H
铝带聚乙烯组合护套	A	非燃性橡套	HF

5．特征代号

表示电力电缆产品某一结构特征。例如，分相铅包为 F(Fen)，不滴流以 D(Di) 表示，贫乏浸渍以 P(Pin) 表示，直流电力电缆以 Z(Zhi) 表示等。

6．外护层代号

外护层代号编制的原则是：

（1）内衬层结构基本相同，在型号中不予表示。

（2）一般外护层按铠装层和外被层（或外护套）结构顺序，以两个阿拉伯数字表示，每一个数字表示所采用的主要材料。

（3）充油电力电缆外护层型号按加强层、铠装层和外被层（或外护套）的顺序以三个数字表示。每一个数字表示所采用的主要材料。外护层以数字为代号的含义见表 1-7。

表 1-7　　　　　　　　　　电力电缆外护层代号含义

代号	加强层	铠装层	外被层或外护套
0		无	—
1	径向铜带	联锁钢带	纤维外被层
2	径向不锈钢带	双钢带	聚氯乙烯外护套
3	径、纵向铜带	细圆钢丝	聚乙烯外护套
4	径、纵向不锈钢带	粗圆钢丝	—
5	—	波纹钢带	—
6	—	双铝带或铝合金带	—

7．派生代号

派生表示电力电缆产品具有某种特性。例如，纵向阻水结构以 Z（Zong）表示，具有低卤低烟或无卤低烟特性的阻燃电力电缆分别以 DD 或 WD 表示等。

二、常用电力电缆型号及其使用范围

（1）交联聚乙烯绝缘电力电缆型号及使用范围见表 1-8。

表 1-8　　　　　　　　　　交联聚乙烯电力电缆型号及适用范围

型号	名称	适用范围
YJV	交联聚乙烯绝缘铜芯聚氯乙烯护套电力电缆	敷设在室内、隧道及管道中，不承受机械外力作用
YJV32	交联聚乙烯绝缘铜芯细钢丝铠装聚氯乙烯护套电力电缆	敷设在室内、隧道、竖井中，能承受机械外力和一定拉力
YJLW02-Z	交联聚乙烯绝缘铜芯波纹铝护套聚氯乙烯护套纵向阻水电力电缆	敷设在地下、隧道、管道中
ZR-YJLW03	交联聚乙烯绝缘铜芯波纹铝护套聚氯乙烯护套阻燃电力电缆	敷设在室内、电力电缆层、隧道等要求电力电缆有阻燃性能的重要场所

（2）自容式充油电力电缆的型号及使用范围见表 1-9。

表 1-9　　　　　　　　　　自容式充油电力电缆型号及适用范围

型号	名称	适用范围
CYZQ102	纸绝缘铜芯铅包、铜带径向加强聚氯乙烯外护套自容式充油电力电缆	敷设在土壤中、隧道中，能承受机械外力，垂直落差不大于 30m
CYZQ143	纸绝缘铜芯铅包铜带径向加强粗钢丝铠装聚乙烯外护套自容式充油电力电缆	敷设在水底或竖井中，能承受较大拉力

（3）聚氯乙烯电力电缆的型号及使用范围见表 1-10。

表 1-10　　　　　　　　　　聚氯乙烯电力电缆型号及适用范围

型号	名称	适用范围
VV	聚氯乙烯绝缘铜芯聚氯乙烯护套电力电缆	敷设在室内、隧道及沟管中，不承受机械外力
VV32	聚氯乙烯绝缘铜芯细钢丝铠装聚氯乙烯护套电力电缆	敷设在室内、地下、竖井，能承受机械外力和拉力

（4）控制及导引电力电缆的型号及使用范围见表 1-11。

表 1-11　　　　　　　　　　控制及导引电力电缆型号及适用范围

型号	名称	适用范围
GYFTY	非金属加强构件、松套层绞填充式、聚乙烯护套通信用室外电力电缆	敷设在室内、架空或管道中，不能承受大的拉力
DYY32	聚乙烯绝缘铜芯细钢丝铠装聚氯乙烯护套导引电力电缆	敷设在室内及地下，能承受一定机械外力和拉力

第五节　电力电缆的电气参数

电气参数对电力电缆是至关重要的，它决定了电力电缆的传输性能和传输容量，这是由于容量主要取决于各部分的损耗发热，而损耗则是根据电气参数来计算的。相序阻抗又是线路保护系统所依据的重要参数，直接影响着电网的安全运行。电气参数也往往作为检查电力电缆质量和工艺的指标和依据。

一、紧压系数

表示绞合导体紧压程度的参数称为填充系数（又称为紧压系数，用 η 表示）。它是全部导丝实际截面积之和 A_1 和绞合导丝外接圆所包含面积 A 之比，对于圆形绞合导体

$$\eta = \frac{A_1}{A} = \frac{\sum\limits_{i=1}^{i=z} A_i}{\frac{\pi}{4} D_c^2} \tag{1-1}$$

式中：A_i 为第 i 根导丝截面积，mm^2；z 为导丝总根数；D_c 为绞合导丝外接圆直径。

非紧压导体的填充系数 $\eta = 0.73 \sim 0.77$，经过紧压后，η 可达到 $0.88 \sim 0.93$。已知填充系数 η，用游标卡尺测得圆形绞合导体直径为 D_c，则可用公式 $A_1 = \frac{\pi}{4} \eta D_c^2$ 算出导体截面积。

二、直流电阻

单位长度电力电缆导体直流电阻 R_d 计算式为

$$R_d = \frac{\rho_{20}}{A} [1 + \alpha(\theta - 20)] k_1 k_2 k_3 k_4 \times 10^6 \tag{1-2}$$

式中：R_d 为单位长度电力电缆导体在 $\theta℃$ 时的直流电阻，Ω/m；ρ_{20} 为导体材料在 $20℃$ 时的电阻率，Ω/m；A 为导体截面积，mm^2；α 为电阻温度系数，$1/℃$；θ 为导体温度，$℃$；k_1 为单根导丝因加工引起的电阻增加系数，$k_1 = 1.02 \sim 1.07$，导丝直径较大时，k_1 取较大值；k_2 为导体经绞合引起的电阻增加系数，$k_2 = 1.02 \sim 1.04$，单根导丝直径较小时，k_2 取较大值；k_3 为绝缘线芯经成缆引起的电阻增加系数，$k_3 = 1.02$；k_4 为导体经紧压加工引起的电阻增加系数，$k_4 = 1.01$。

三、交流电阻

单位长度电力电缆导体交流电阻 R_a 计算式为

$$R_a = R_d(1 + \gamma_S + \gamma_P) \tag{1-3}$$

式中：γ_S 为集肤效应因数，指集肤效应使电力电缆电阻增加的百分数与频率及导体结构有关，%；γ_P 为邻近效应因数，指邻近效应使电阻增加的百分数，是反映一相导体受其他两相导体所产生的交变磁场影响程度的系数，%。

集肤效应因数 γ_S 和邻近效应因数 γ_P 可由下列公式求得

$$\gamma_S = \frac{X_S^4}{192 + 0.8 X_S^4} \tag{1-4}$$

其中

$$X_S^4 = \left(\frac{8\pi f}{R_d}\right)^2 \times 10^{-14} k_S \tag{1-5}$$

$$\gamma_P = \frac{X_P^4}{192 + 0.8 X_P^4} \left(\frac{D_c}{S}\right)^2 \left[0.312 \left(\frac{D_c}{S}\right)^2 + \frac{1.18}{\frac{X_P^4}{192 + 0.8 X_P^4} + 0.27}\right] \tag{1-6}$$

其中

$$X_P^4 = \left(\frac{8\pi f}{R_d}\right)^2 \times 10^{-14} k_p \qquad (1-7)$$

上几式中：f 为系统频率，取 50Hz；R_d 为单位长度电力电缆导体直流电阻，Ω/m；D_c 为导体外径，mm；S 为导体中心轴间距离，mm；k_S 为与集肤效应有关的导体结构常数，分割导体 $k_S=0.435$，其余导体 $k_S=1.0$；k_p 为与邻近效应有关的导体结构常数，分割导体 $k_p=0.37$，其余导体 $k_p=0.8\sim1.0$。

电气参数取决于电力电缆所用的材料和几何尺寸，所以可据此计算电气参数。反之，亦可据电气参数的要求来选择设计电力电缆的结构和尺寸。所以电气参数是电力电缆设计的重要依据之一。电气参数主要有导电线芯电阻、绝缘电阻、电力电缆的电感和电容，以及正（负）序阻抗和零序阻抗。学生可扫描二维码自行学习。

知识拓展

电力电缆电气参数

第二章　电力电缆线路设计基本原理

第一节　电力电缆连续允许载流量

电力电缆作为电力系统的主要元件，担负着功率传输的任务（$P=IU$）。电力电缆连续允许载流量（即工作电流）或电力电缆允许负荷的计算，在电力电缆设计中须计算按设计条件要求允许的负载能力。或反之，根据负载能力的大小来选择电力电缆各部分的结构和尺寸。载流量转化的损耗为线芯损耗（$W_c=I^2R_c$），和其他损耗一起引起电力电缆发热。电力电缆各部分，尤其绝缘层，长期在热的作用下会引起高分子的降解破坏，甚至发生热击穿。所以电力电缆的温度不应超过允许的最高温度，故载流量的大小也应根据热性能来确定。

一、电力电缆热场的概念

电力电缆在运行过程中导体、绝缘层、金属屏蔽层和铠甲层都会产生损耗而引起电力电缆发热，致使电力电缆温度升高。这些发热的部分称为热源。热源产生热流，热总是由高温流向低温。如图 2-1 所示为三芯电力电缆热场分布。

热源的存在会使周围的物质处于一种特殊的状态，任何物体处在热场中温度都会升高。一切点的温度分布称为热场。在由高温向低温散热过程中，热场中各点的温度将发生变化，所以我们又把热场分为稳态热流场和暂态热流场。

若电力电缆中任意一点的温度只是位置的函数，与时间无关，这样的场称为稳态热流场，简称稳态。

若电力电缆中任意一点的温度，不仅是位置的函数，而且是时间 t 的函数，这样的场称为暂态热流场，简称暂态。

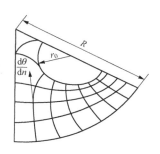

图 2-1　三芯电力电缆热场分布

在实际运行中，电力电缆从零开始加负荷，温度会逐渐升高，即温度随时间变化，此时即为暂态。但随温度的升高，电力电缆与周围媒质的温差也逐渐增大，致使散热增多。一旦发出的热量等于散失的热量，则热流便达到了动态平衡，各点的温度会保持不变，此时电力电缆便达到稳态，可据稳态发热特性确定电力电缆的连续载流量。

若电力电缆的负载是变化的，其温度也随之变化，如过载、短路等情况。可根据暂态发热特性确定电力电缆的短路容量及过载能力。

二、热场中有关的物理量

电力电缆热场中的有关物理量和电场的有关物理量十分相似，且一一对应，所以也借用电场电路的方法研究热场和热路。

热场的主要物理量如下：W 为电力电缆各部分的功率损耗，在热路方程中为热流，单位为 W/m；$\nabla\theta$ 为温升，单位为 K。T 为热阻，单位为 K·m/W；c 为热容，即物体温度每升高（或降低）1K 所吸收（或放出）的热量，单位为 J/K。

三、富氏定律

在热场中任意一点处，流过某单元面积 dA 的热流 dW 与该点的温度梯度 $\dfrac{\mathrm{d}\theta}{\mathrm{d}h}$ 呈正比，与单元面积呈正比，写成等式为

$$\mathrm{d}W = -\lambda \frac{\mathrm{d}\theta}{\mathrm{d}h}\mathrm{d}A \tag{2-1}$$

式中：λ 为比例系数，又称为导热系数。

温度梯度的方向指向温度升高的方向，而热流总是由高温指向低温，故公式中应加负号。学生可以扫描二维码自行学习。

知识拓展

电力电缆连续允许载流量

第二节　电力电缆允许短期过载和短路电流计算

电力电缆在实际运行中，除了要通过连续额定的载流量以外，还须承受短时过载和短路电流。如一相电力电缆发生故障，在其修复期间，其他两相就必须在短期内（如 10h）承担较大的负载；又如由于短路接地故障，电力电缆在极短时间（1～2s）内也要承受短路电流的作用。

用严格的数学分析方法对它们计算将十分困难。根据实际工程情况，可采用集中参数代替分布参数的方法进行确定，其结果和实际基本吻合。

过载问题，一般是已知允许的过载时间，确定过载电流的大小；或已知过载电流求过载时间。

电力电缆在运行中如果经常满载，而且导体温度已经达到最高允许温度，那么过载就会造成过热。根据电力电缆在任何时间内的温度不得超过最高允许温度这一原则，造成过热的过载是不允许的。但一般在输配电的实际情况中，电力电缆在 24h 周期内，往往只有几个小时是满载运行，其余时间则低于最大允许载流量。况且导体的温度升高是经过逐渐的热平衡过程才达到稳定。因此，在达到最大允许值的一段范围内，温度和时间都有一定的裕度，允许电力电缆有一定的过载。实践证明，在短时过载时间为数小时范围内，过载温度可比长期允许温度高 10～15℃，而对电力电缆寿命及性能没有明显影响。若过载时间越短，允许过载温度还可更高些。表 2-1 为短时过载温度推荐值。

表 2-1　　　　　　　　　　　　允许短时过载温度的推荐值

电力电缆类型	允许短时过载温度（℃）	过载时间
橡皮电力电缆	120	≤10min
聚氯乙烯电力电缆	110	≤10min
交联聚乙烯电力电缆	150	10min～2h

过载，是随时间变化的，其热场为暂态热场。为了分析方便，首先从敷设于空气中的裸电线这一最简单的情况入手。学生可以扫描二维码自行学习。

知识拓展

电力电缆允许短期过载和短路电流计算

第三节　电力电缆选型

电力电缆线路设计、安装和运行部门在选用电力电缆时，应考虑电力电缆使用条件、绝缘水平、电力电缆类型和导体截面等因素。

一、电力电缆使用条件

1. 电力电缆额定电压 $U_0/U(U_m)$

电力电缆额定电压 $U_0/U(U_m)$ 应符合以下要求：

（1）电压 U_0 应符合电力系统中性点接地方式的要求，即符合在中性点不接地电力系统中，发生单相接地故障时非故障相电压升高 $\sqrt{3}$ 倍，并且与系统接地故障的排除时间有关。在 IEC 标准中，把电力系统分为 A、B、C 三类。A 类是该系统任一相导体接地，能在 1min 内与系统分离；B 类是系统中单相导体接地，允许接地故障时间不超过 8h，每年累计时间不超过 125h；C 类是不属于 A 类和 B 类的系统。

当电力电缆用于中性点有效接地系统时，U_0 取系统的相电压值，如 10kV 系统选用 6/10kV 电力电缆，35kV 系统选用 21/35kV 电力电缆。当电力电缆用于中性点非有效接地系统时，应选用比系统相电压高一档的电力电缆，如 10kV 系统选用 8.7/10kV 电力电缆，35kV 系统选用 26/35kV 电力电缆。当电力电缆用于 C 类系统，允许单相接地长期运行时，U_0 应选用系统的线电压，如在 6kV 系统中选用 6/6kV 电力电缆。

（2）电压 U 和 U_m，应分别等于或大于电力电缆所在系统的额定电压和最高工作电压。

2. 电力电缆输送容量

电力电缆线路必须符合电力系统的输送容量，即所选用的电力电缆应具有满足系统需求的长期允许载流量。较长的电力电缆线路，还要考虑电力电缆的线路压降。

3. 电力电缆敷设条件

电力电缆应适应各种不同的敷设方式、排列方式、金属护套接地方式以及周围媒质温度等。用于水底敷设的交联聚乙烯电力电缆，其导体应具有纵向阻水性能。为了适应各种不同敷设环境要求，如抗拉、抗压、防火、防白蚁以及防鼠害等，电力电缆的铠装层与外护套应选用相应的结构材料。

二、电力电缆基本绝缘水平

电力电缆每一导体与屏蔽层或金属护套之间的雷电冲击耐受电压峰值，即基本绝缘水平（BIL），应符合表 2-2 规定。

表 2 - 2　　　　　　　　　　　　　　　电力电缆雷电冲击耐受电压

额定电压 U_0/U(kV/kV)	3.6/6	6/6, 6/10	8.7/10 8.7/15	12/20	21/35	26/35
雷电冲击耐受电压（kV）	60	75	95	125	200	250
额定电压 U_0/U(kV/kV)	38/66	50/66	64/110	127/220	190/330	290/500
雷电冲击耐受电压（kV）	325	450	550	950 1050	1175 1300	1550 1675

在表 2 - 8 中，220kV 及以上电力电缆线路的雷电冲击耐受电压有两个数值，可根据避雷器保护特性、电力电缆线路脉冲波特性长度以及相连设备雷电冲击绝缘水平等因素选取。

三、电力电缆类型

（1）在 110kV 及以下电力电缆线路，一般以交联聚乙烯（XLPE）绝缘电力电缆为首选品种。1kV 及以下配电电力电缆，除负荷较轻的线路可选用聚氯乙烯（PVC）绝缘电力电缆外，也应选用交联聚乙烯绝缘电力电缆。

（2）乙丙橡胶（EPR）绝缘电力电缆适用于 35kV 及以下线路。这种电力电缆因耐湿性较好，适宜用于水底敷设，但其价格较贵。

四、导体截面

电力电缆一般选用铜导体。其导体截面选择应同时满足电力电缆线路输送容量和系统最大短路热稳定要求，并符合电力电缆导体尺寸的经济最佳化要求。

在城市低压电网中，一般采用四芯电力电缆，即除三相导体外，有一根通过三相不平衡电流并有保护接地作用的中性线。中性线的截面一般应为各相导体截面的 30%～60%。在三相不平衡电流比较大的低压电网，应选用四芯等截面的低压电力电缆。不能采用三芯电力电缆另加一根绝缘导线作为中性线接在三相四线制的低压电网中，因为三芯电力电缆的金属护套与铠装层中将会有不平衡电流通过而使其发热，从而影响电力电缆的输送容量。

第三章 电力电缆试验

第一节 电力电缆工厂试验

电力电缆试验按其目的与任务不同，分为电力电缆成品工厂试验、电力电缆线路竣工试验和预防性试验三种类型。制造厂对电力电缆成品应进行例行试验、抽样试验和型式试验。试验方法和试验结果必须符合有关技术标准规定。

一、例行试验

例行试验又称出厂试验，它属于非破坏性试验。例行试验包括整盘电力电缆的局部放电试验、交流耐压试验、电力电缆导体直流电阻测试、电力电缆外护层耐压试验和电力电缆绝缘介质损耗角正切 $\tan\delta$ 的测试等。制造厂通过例行试验验证电力电缆产品是否满足规定技术要求，检验电力电缆产品是否存在偶然因素造成的缺陷。

1. 局部放电试验

交联聚乙烯电力电缆应当 100％ 进行局部放电试验，局放试验电压施加于电力电缆导体和金属屏蔽之间。通过局放试验可以检验出的制造缺陷有：绝缘中杂质和气泡、导体屏蔽层不完善（如凸凹、断裂）、导体表面毛刺以及外屏蔽损伤等。

35kV 交联聚乙烯电力电缆，在每一相导体和金属屏蔽之间施加电压 $1.73U_0$ 时，局部放电量应不超过 10pC。$110\sim220$kV 交联聚乙烯电力电缆，在施加 $1.73U_0$ 后，保持 10s，然后缓慢降至 $1.5U_0$，在 $1.5U_0$ 时 110kV 电力电缆局部放电量应不超过 10pC；220kV 应为无可检测的放电。

2. 交流耐压试验

每盘电力电缆，都要进行工频交流耐压试验，以不发生绝缘击穿为合格。其试验电压与持续时间，应符合表 3-1 的规定。

表 3-1　　　　　　　　　　电力电缆工频交流耐压试验标准

电力电缆类型	额定电压 U_0/U(kV/kV)	试验电压（kV）	时间（min）
交联聚乙烯绝缘	3.6/6～18/30，（21/35）	3.5U	5
	21/35，26/35，64/11，127/220	2.5U	30

注　1. 表中黏性浸渍带绝缘电力电缆系单相试验标准。

　　2. 21/35kV 交联聚乙烯电力电缆的试验标准可由制造厂任选一种。

3. 导体直流电阻测试

测量导体直流电阻并换算到 20℃ 时的每公里的欧姆数，应不大于表 3-2 的规定。

表 3-2　　　　　　　　　　电力电缆导体 20℃ 时的直流电阻

导体标称截面（mm²）	直流电阻（Ω/km）		导体标称截面（mm²）	直流电阻（Ω/km）	
	铜	铝		铜	铝
16	≤1.15	≤1.91	600	≤0.029 7	—

导体标称截面	直流电阻（Ω/km）		导体标称截面	直流电阻（Ω/km）	
（mm²）	铜	铝	（mm²）	铜	铝
25	≤0.727	≤1.20	630	≤0.028 3	≤0.046 9
35	≤0.524	≤0.868	800	≤0.022 1	≤0.036 7
50	≤0.387	≤0.641	845	≤0.020 9	—
70	≤0.268	≤0.443	1000	≤0.017 6	≤0.029 1
95	≤0.193	≤0.320	1200	≤0.015 1	
120	≤0.153	≤0.253	1400	≤0.012 9	
150	≤0.124	≤0.206	1600	≤0.011 3	
185	≤0.099 1	≤0.164	1800	≤0.010 1	
240	≤0.075 4	≤0.125	2000	≤0.009	
300	≤0.060 1	≤0.100	2200	≤0.008 3	
400	≤0.047 0	≤0.077 8	2500	≤0.007 3	
500	≤0.036 6	≤0.060 5			

导体直流电阻换算公式为

$$R_{20} = \frac{R_t}{1 + \alpha(t - 20)} \tag{3-1}$$

式中：R_t 为单位长度电力电缆导体在测试温度时的直流电阻，Ω；R_{20} 为单位长度电力电缆导体在 20℃时的直流电阻，Ω；t 为测量的环境温度，℃；α 为导体材料以 20℃为基准的电阻温度系数，铜导体的 $\alpha = 0.003\,93\,℃^{-1}$；铝导体的 $\alpha = 0.004\,07\,℃^{-1}$。

4. 电力电缆外护套耐压试验

高压电力电缆的外护套必须有良好的对地绝缘。外护套应能经受直流耐压 25kV，持续时间 1min，不发生击穿为合格。

5. 介质损耗测试

电力电缆介质损耗角正切 tanδ，是高压充油电力电缆的重要质量指标，除测试成盘电力电缆的 tanδ 外，还需测试电力电缆油的 tanδ，在正常环境温度下，成盘电力电缆的 tanδ 不得大于表 3-3 的规定。

表 3-3　　　　　　　　　　　　成盘电力电缆 tanδ 的最大值

额定电压 U_0/U_0 （kV/kV）	$\tan\delta_{max}$			$\Delta\tan\delta_{max}$	
	U_0	$1\frac{2}{3}U_0$	$2U_0$	$U_0 \sim 2U_0$	$U_0 \sim 1\frac{2}{3}U_0$
64/110	0.003 3	—	0.004 5	0.001 4	—
127/220	0.003 0	0.003 6			0.000 7

如果环境温度低于 20℃时，测量结果应按式（3-2）进行校正。

$$\tan\delta_{20} = [1 - 0.02(20 - t)]\tan\delta_t \tag{3-2}$$

式中：$\tan\delta_{20}$ 为换算到 20℃时的 tanδ 的数值；$\tan\delta_t$ 为室温为 t℃，所测的 tanδ 数值。

如果环境温度等于或高于 20℃时，则不必校正。油温为 $100\pm1℃$，电厂梯度为 $1kV/mm$，电力电缆油的介质损耗角正切 $\tan\delta$ 应小于 0.003。

二、抽样试验

抽样试验是制造厂按照一定比例对成品电力电缆或取自成品电力电缆的试样进行的试验。抽样试验多数为破坏性试验，通过它验证电力电缆产品的关键性能是否符合标准要求。抽样试验包括电力电缆各结构层的尺寸检查和弯曲试验等机械性能试验。

1. 尺寸检查

项目有测量绝缘厚度、检查导体结构、检测外护层和金属护套厚度。用测微计测出的金属厚度的最小值应符合标准规定。

2. 机械性能试验

项目有电力电缆弯曲试验以及随后进行的电气试验和物理检查。弯曲试验是将试样在直径为 $25(D+d)$（D 为金属护套外径，mm；d 为导体外径，mm）的圆柱体上反复弯曲 3 次。

弯曲试验后，试样再重复进行例行试验中的交流耐压试验。然后进行试样的绝缘检查、金属护套和外护层检查。对铅护套要进行扩张试验，铅护套在圆锥体上扩张至原直径的 1.3 倍应不破裂。

抽样试验的试验额度为：①结构尺寸检测，抽取交货盘数的 10%进行，至少做一盘；②机械性能抽样试验，当交货批量多芯电力电缆总长度超过 2km，单芯电力电缆总长度超过 4km 时，按表 3-4 确定的额度抽取试样。

表 3-4　　　　　　　　　　　　　　　抽样试验额度

电力电缆交货长度（km）		试样数	电力电缆交货长度（km）		试样数
多芯电力电缆	单芯电力电缆		多芯电力电缆	单芯电力电缆	
$2<L\leqslant10$	$4<L\leqslant20$	1	$20<L\leqslant30$	$40<L\leqslant60$	3
$10<L\leqslant20$	$20<L\leqslant40$	2	$30<L\leqslant40$	$60<L\leqslant80$	4

注　多芯电力电缆长度从 10km 开始每增加 10km，抽取试样数加 1；单芯电力电缆长度从 20km 开始每增加 20km，抽取试样数加 1。

抽样试验如一次不合格，应从同一批产品中加倍取样，对不合格项目进行第二次试验。如果第二次试验仍然不合格，则整批电力电缆都要进行检验。当然，凡检验不合格的产品不得以成品出厂。

三、型式试验

型式试验是为了检验电力电缆产品的各种电气性能、机械物理性能和其他特定性能是否满足预期设计和使用要求而进行的一次性试验。型式试验属于破坏性试验。

型式试验的试样应为通过了例行试验和抽样试验的成品电力电缆。进行型式试验的电力电缆试样，应制作两个试验终端，终端尾管下的电力电缆试样长度应不少于 10m。当充油电力电缆进行型式试验时，终端最高点油压力应保持在电力电缆允许最低工作油压下，偏差为 $+25\%$。型式试验项目包括：①长期工频耐压试验（高压电力电缆 24h，中压电力电缆 4h）；②雷电冲击电压试验，正负极性各 10 次；③操作冲击电压试验，正负极性各 3 次。以上试验，电力电缆绝缘应不击穿。型式试验还包括介质损耗角正切与温度关系试验、金属护套和加强层液压试验以及外护套刮磨试验等。

　　为了检验电力电缆长期运行的可靠性，根据国际电工委员会（IEC）提出的 IEC 62067—2001《额定电压 150kV（U_m＝170kV）以上至 500kV（U_m＝550kV）挤出绝缘电缆及其附件的试验方法和要求》推荐，150～500kV 的挤包绝缘电力电缆及各种型号附件，除进行上述试验外，还需通过系统预鉴定试验。该项试验电力电缆试样长度约 100m，试验时间为一年，试验电压为 $1.7U_0$，不少于 180 次的热循环电压试验和电力电缆样品雷电冲击电压试验。经过上述试验电力电缆和附件应不出现劣化迹象，然后才能确认制造厂对该产品具备供货资格。

第二节　电力电缆线路试验常用设备

一、直流耐压试验设备

　　在电力电缆线路竣工试验和预防性试验中，常用组合式成套直流耐压试验设备，其中主要包括试验变压器、整流器和泄漏电流表等。

　　1. 试验变压器

　　试验变压器按用途可分为调压、升压和降压三种变压器，其电源电压为 220V、频率为 50Hz。电力电缆试验变压器的用途、变比（或输出电压）和容量见表 3 - 5。

表 3 - 5　　　　　　　　　　　　　　试 验 变 压 器

变压器名称	用途	变比（或输出电压）（V）	容量（kVA）
调压变压器	改变输出电压	输出电压 0～250	1～3
升压变压器	6～10kV 电力电缆试验	200（30000～37500）	1.0
	35kV 电力电缆试验	200（50000～60000）	1.5
	声测试验	200（30000～37500）	3.0
降压变压器	电力电缆参数测试	220/7.5，220/35，220/52，220/70 等	20（单台）

　　2. 整流器

　　直流耐压试验的直流电压由升压变压器高压输出的交流电经整流器转换产生。整流器有高压硅堆、高压真空整流管两种，后者因不便携带，现已很少使用。

　　常用高压硅堆有 2DL—150/1.0 和 2DL—200/1.0 等型号，其反峰电压分别为 150kV 和 200kV，最大整流电流都为 1A。由于在电力电缆直流耐压试验时，若硅整流器截止，则它本身承受的电压是试验电压的 2 倍，因此从硅整流器的安全考虑，直流试验的电压不得大于硅整流器额定反峰电压的 1/2。

　　3. 泄漏电流表

　　泄漏电流表用于测量电力电缆线路在高压直流电压作用下绝缘内的泄漏电流值。泄漏电流表的量程范围较大，在正常试验时为 μA 级，在试验回路串联水阻管的情况下发生绝缘击穿泄漏电流达 10mA 级。常见的泄漏电流表有磁电式和液晶显示式两种。磁电式微安表中设有阻尼装置，指针摆动平缓，有利于读数用作测量泄漏电流需扩大量程。液晶显示式泄漏电流表无量限影响，但工作稳定性比较差。

二、0.5 级便携型交流仪表

　　0.5 级便携型交流仪表用于测量电力电缆线路参数，仪表精确度要求为 0.5 级。便携型交流仪表包括功率表、电压表、电流表和电流互感器等。此类仪表应是多量程的，如电压表为 0～75V、0～150V、0～300V，电流表为 0～2.5A、0～5.0A，电流互感器的变比为 10/5、100/5、200/5、400/5、800/5。

三、绝缘电阻表

绝缘电阻表用于测量电力电缆线路的绝缘电阻，它有手动式绝缘电阻表（即摇表）、电动绝缘电阻表和数字式绝缘测试仪等种类，输出电压为 250～2500V，电动绝缘电阻表输出电压可达到 5～10kV。

四、电力电缆油样耐压试验设备

电力电缆油样耐压试验设备用于对充油电力电缆的油样进行交流击穿强度试验，试验设备包括调压器、试验变压器和油杯（见图 3-1）。

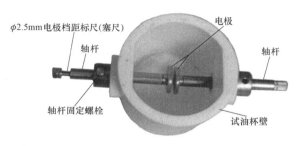

油杯采用机械性能、电气性能、耐环境性能（耐冷热抗污秽等）较好的瓷质材料制成，杯口高于电极 30mm，试验电极用直径 25mm 的抛光黄铜制成，标准电极间距为 2.5mm。

图 3-1　电力电缆油样试验油杯

五、电力电缆油样介质损耗测量设备

电力电缆油样介质损耗测量设备用于对充油电力电缆油样进行介质损耗角正切 $\tan\delta$ 的测量，成套设备包括 QS 型系列交流高压电桥、标准油杯及烘箱等。测量介质损耗角正切 $\tan\delta$ 的标准油杯如图 3-2 所示。

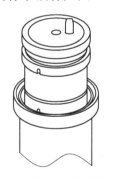

图 3-2　测量介质损耗角正切 $\tan\delta$ 的标准油杯示意图

油杯中接触被试电力电缆油的表面应具有镜面光洁度。油杯使用前要用合适的溶剂或洗涤剂洗净，然后干燥。测量时外电极接高压电源，内电极为测量电极，场强为 1kV/mm，即 2mm 间隙加 2kV 测量电压。油杯应置于油盘的绝缘板上，放在烘箱中加热，测量时温度应为 $100\pm1℃$。

六、超低频（0.1Hz）试验设备

超低频（0.1Hz）试验设备试验电压低于 100kV，适用于 6～35kV 交联聚乙烯电力电缆。试验标准一般是 $3U_0/1h$。0.1Hz 试验设备能有效找出交联聚乙烯电力电缆线路缺陷，且不会对绝缘造成损伤。根据无功功率的计算公式 $Q=2\pi fCu^2$，从 50Hz 改到 0.1Hz，理论上可以把试验设备容量降低到 1/500。这样，0.1Hz 的试验设备就可以与直流试验设备一样做到容量小、质量轻，适合于现场使用。

0.1Hz 试验设备还可用于电力电缆介质损耗测量，根据同一条电力电缆所测介质损耗历史数据，可对绝缘的老化程度进行分析、判断。

七、交流调频串联谐振装置

交流调频串联谐振装置适用于高压交联聚乙烯电力电缆交流耐压试验和介质损耗测量。交流调频串联谐振装置工作原理如图 3-3 所示。设电抗器电感为 L，被试品电力电缆电容 C_x 为定值，高压回路等效电阻为 R，调整电源频率使电路达到特定工作状态——串联谐振

状态，即 $\omega L = \dfrac{1}{\omega C_x}$，谐振角频率 $\omega_0 = \dfrac{1}{\sqrt{LC_x}}$，特性阻抗 $\rho = \sqrt{\dfrac{L}{C_x}}$。

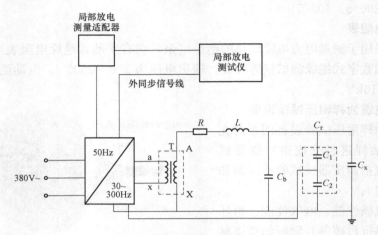

图 3-3　变频串联谐振装置工作原理图

变压器的输出电压为 U_2，电力电缆上承受的高压试验电压为 U_C，当达到串联谐振时，U_C 和 U_2 满足

$$\frac{U_C}{U_2} = \frac{\rho}{R} = \frac{\sqrt{\dfrac{L}{C_x}}}{R} = \frac{\omega_0 L}{R} = Q \tag{3-3}$$

即
$$U_C = QU_2$$

式中：Q 为谐振回路的品质因数，由频率、电感和等效电阻决定。

从式（3-3）可知，被试品电力电缆所承受的电压 U_C 是试验变压器输出电压 U_2 的 Q 倍（Q 值一般大于 25，成套调频串联谐振试验设备 Q 值可达 160）。因此，调频串联谐振装置能够以较低电压、较小容量的电源设备，使电力电缆绝缘承受较高的试验电压。

调频串联谐振试验成套装置由变频和控制系统、固定式电抗器、励磁变压器和测量电压的电容分压器等部件组成。其中，固定式电抗器电感为 10~100H，变频和控制系统包括三相桥式变频器、自动调频、升压和测量设备等，均通过计算机控制。国内现有的成套装置调频范围为 30~300Hz，输出电压可达 250kV，电流 75A，适用于 220kV 交流聚乙烯电力电缆的交流耐压试验。

第三节　电力电缆线路竣工试验

电力电缆线路竣工后，为检验施工单位安装质量、验证线路电气性能是否能达到设计要求和安全运行需要、检查施工过程中电力电缆和附件有无损伤，以及验证电力电缆线路是否存在其他重大质量隐患，必须按规定对电力电缆线路进行竣工试验。

电力电缆线路竣工试验项目包括绝缘电阻测试、绝缘耐压试验和泄漏电流试验、护层耐压试验、充油电力电缆油样试验、油流试验以及电力电缆线路参数测试等。

一、绝缘电阻测试

电力电缆线路绝缘电阻是作用于电力电缆绝缘上的直流电压与流过其中稳定的泄漏电流

的比值。绝缘电阻数值高表示绝缘良好，绝缘电阻数值低表示绝缘可能存在受潮或老化等缺陷。通常，测试电力电缆线路每相导体对金属护套或屏蔽层之间的绝缘电阻，是检查电力电缆线路绝缘状况的简单方法。对额定电压为 0.6/1kV 的电力电缆线路应用 2500V 绝缘电阻表测试导体对地绝缘电阻代替耐压试验，试验时间为 1min。电力电缆线路耐压试验前后应分别测试绝缘电阻以检查电力电缆绝缘在耐压前后的变化，并判断是否存在由于耐压试验后放电不当而引发的绝缘缺陷。

　　绝缘电阻的测量结果与环境温度、空气相对湿度以及绝缘表面脏污程度有关，绝缘电阻的数值随温度上升、相对湿度增大或绝缘表面脏污而下降。在电力电缆线路两端装上屏蔽护环，可以减少因绝缘表面脏污对绝缘电阻数值的影响。

　　测量绝缘电阻应读取加压后 15s 或 60s 的绝缘电阻值（即 R_{15} 和 R_{60}）吸收比为 R_{60}/R_{15}。绝缘良好的电力电缆线路，吸收比应大于 1.3，且绝缘电阻值稳定。通常对 35kV 及以下电力电缆线路绝缘电阻值的要求是，1kV 及以下电压等级电力电缆线路不小于 0.5MΩ/km；10kV 电力电缆线路不小于 100MΩ/km；35kV 电力电缆线路不小于 1000MΩ/km。

二、绝缘耐压试验和泄漏电流试验

　　电力电缆线路绝缘耐压试验是指对电力电缆绝缘工作强度的电压试验，其试验电压值应等于或高于运行电压。电力电缆绝缘耐压应在每一相上进行，并将其他两相接地。对电力电缆护层经保护器接地的电力电缆绝缘进行耐压试验时，应将保护器短接，使金属屏蔽层临时接地。通过耐压试验可以发现电力电缆与附件安装中由于材料或工艺问题造成的质量不合格现象，以及机械损伤和制造过程遗留的缺陷。交联聚乙烯等挤包绝缘电力电缆在绝缘结构性能方面具有不同特点，再进行绝缘耐压试验时应采取不同的试验方法和标准。

　　1. 绝缘耐压试验

　　（1）电力电缆直流耐压试验采用半波整流获得试验电压。直流电压由交流电经整流器转换而得。电力电缆直流耐压试验半波整流电压波形如图 3-4 所示。

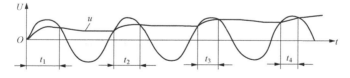

图 3-4　半波整流电压波形

　　当正弦波第一周期时，电力电缆在 1/4 周期时间内充电，其余 3/4 周期中电力电缆通过绝缘电阻放电。由于与电力电缆串联的保护电阻上有一定压降，因此电力电缆上的充电电压低于最大值。在第二个周期时电力电缆被继续充电，而充电时间小于 1/4 周期，经过多个整流半波充电，加在电力电缆上的直流电压逐步增加到接近最大值。

　　试验变压器铭牌上的变比是指电压有效值的比值，经整流后输出的直流电压接近交流电的最大值，即为有效值的 $\sqrt{2}$ 倍。为了达到直流试验电压 U_m，变压器低压输入电压 U_0 为

$$U_0 = K \frac{U_m}{\sqrt{2}} \qquad (3-4)$$

式中：U_0 为变压器低压侧输入电压，V；K 为试验变压器变比；U_m 为高压直流试验电压，V。

在试验现场也可用公式 $U_m = \dfrac{\sqrt{2}U_0}{K}$，从已知试验变压器低压输入电压换算出直流高压试验电压值。

（2）直流耐压试验接线方法。按试验电压和试验设备不同，直流耐压试验有多种接线方法。图 3-5 所示是一种常用硅堆整流、微安表处于高压侧的直流耐压试验接线方法。

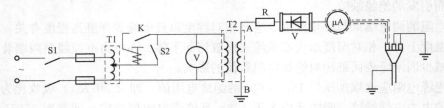

图 3-5　直流耐压试验接线

T1—调压器；T2—高压试验变压器；V—高压硅堆；K—脱扣线圈；R—限流保护电阻

从图 3-5 可见，高压试验变压器 T2 的高压端接到高压硅堆的负极，高压硅堆的正极通过微安表和限流保护电阻接到被试电力电缆导体，使电力电缆绝缘层承受负极性的直流高压。微安表置于高压侧有较高的测量精确度，为了消除高压引线对地电容电流和电晕放电对微安表测量精确度的影响，从微安表到电力电缆导体的高压引线应用屏蔽线。

对 35kV 电力电缆进行直流耐压试验时，采用图 3-6 所示的倍压整流接线，应用倍压整流接线使试验变压器输出经整流的直流电压增加了一倍。

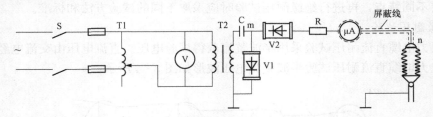

图 3-6　直流耐压试验倍压整流接线

T1—调压器；T2—高压试验变压器；V1、V2—高压硅堆；C—电容器；R—限流保护电阻

在图 3-6 中，当高压试验变压器高压绕组输出电源为正半周期时，高压硅堆 V1 导通，对电容器 C 充电，使电容器上最高充电电压 $U_C = \sqrt{2}U_T$（U_T 为试验变压器输出电压）。当电源电压为负半周时，高压硅堆 V1 截止，而 V2 导通，电源和电容器 C 经 V2 向被试电力电缆 C_x 充电。当进入第二个周期时，图中 m 点电位高于 n 点的电位，V2 截止，V1 又导通，电源又经 V1 对电容器 C 充电，如此反复，使 m 点的电位在 $0 \sim 2\sqrt{2}U_T$ 范围内变化，而 n 点的电位逐步达到 $-2\sqrt{2}U_T$ 的最大值。

（3）直流耐压试验后的放电。电力电缆在经直流耐压试验之后，必须把电力电缆导体和金属护套之间的电容储能释放掉。为避免放电时线路振荡而损坏电力电缆绝缘和试验设备，电力电缆线路耐压试验后放电应注意以下几点：

1）在直流耐压试验后，要先通过电力电缆绝缘电阻自行放电数分钟。

2）必须经串联电阻对地放电。理论上讲，串联电阻越大，放电电流越小，放电时间越长，对电力电缆和试验设备保护效果越好。一般用 0.5～2MΩ 的电阻串联在放电棒端部，慢慢接近从微安表引出的金属引线，反复几次放电，待放电端部不再出现火花时，才能直接放电接地。

3）放电棒端部不可对屏蔽线放电（防止屏蔽引线绝缘击穿和微安表损坏）。

（4）直流耐压试验升压速度的控制。电力电缆进行直流耐压试验时升压速度不能太快，一般控制升压速度为 1～2kV/s。在试验时如果升压速度太快，会导致充电电流过大损坏试验设备，此外会降低击穿电压，使试验结果不准确。

（5）油纸电力电缆直流耐压试验标准见表 3-6。

表 3-6　　　　　　　　　　　　油纸电力电缆直流耐压试验标准

额定电压 U_0/U（kV/kV）	试验电压（kV）	持续时间（min）
6/6	36	5
8.7/10	50	5
26/35	140	5
64/110	254	15
127/220	510	15

2. 泄漏电流试验

泄漏电流试验可与直流耐压试验同时进行。直流耐压试验施加电压较高，使用仪表准确度高于绝缘电阻表，而且在加压过程中可以观察泄漏电流的变化，所以泄漏电流试验比测量绝缘电阻更能有效地发现绝缘缺陷。

直流电压下流过绝缘内部的泄漏电流是电容电流、吸收电流和传导电流的叠加，其数值随加压时间变化，如图 3-7 所示。

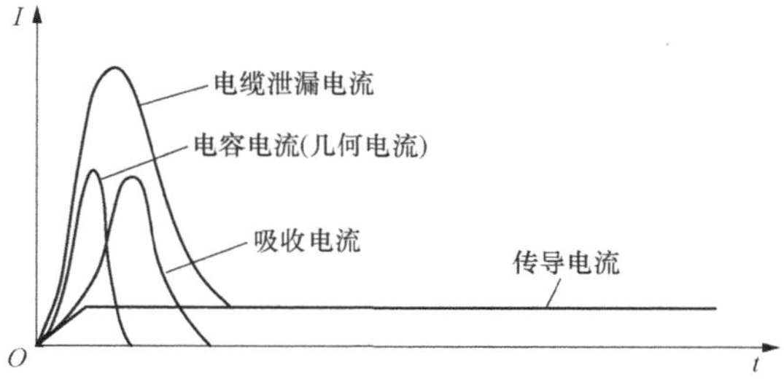

电力电缆泄漏电流同绝缘杂质、气泡、水分等含量有关。根据泄漏电流实验结果分析电力电缆绝缘状况，通常分以下三种情况：

（1）随着加压时间延长，泄漏电流减小，并趋于一个稳定数值，表示电力电缆绝缘良好。

（2）在加电压后，泄漏电流很快趋向稳定值，而且稳定后的数值与初始值很接近，表示电力电缆绝缘较差。

图 3-7　电力电缆泄漏电流与电压作用时间的关系

（3）泄漏电流很不稳定或不随时间延长而下降，出现明显上升趋势。若延长加压时间或提高直流电压，泄漏电流增加的趋势会继续发展甚至绝缘击穿，表示电力电缆绝缘存在严重缺陷。

电力电缆泄漏电流数值还与试验接线方式、电源电压波动、电力电缆终端的表面泄漏、高压引线的电晕及环境温度等因素有关。为使测得的泄漏电流反映电力电缆绝缘的真实状况，应采取措施消除外来因素对泄漏电流的影响。如果测得泄漏电流数值不稳定，泄漏电流随时间延长而上升，或随试验电压增加急剧上升，必须查明原因。

一般把电力电缆直流耐压后和耐压前所测泄漏电流的比值也称为吸收比。耐压前泄漏电流是指在直流耐压试验加到规定电压后 1min 时的泄漏电流 I_1，耐压后泄漏电流是耐压持续到最后 1min 时的泄漏电流 I_2。电力电缆泄漏试验的合格标准是吸收比 $I_2/I_1 \leqslant 1$。同时，各相泄漏电流的比值（即不平衡系数）一般应不大于 2。

3. 交联聚乙烯电力电缆耐压试验

（1）直流试验电压一般不能有效发现交联聚乙烯电力电缆的绝缘缺陷，而且可能造成电力电缆损伤，以致重新投入运行后，在交流工作电压下提早发生绝缘击穿事故。因此，直流耐压试验不能模拟交联聚乙烯电力电缆运行工作状况，主要问题是：

1）交联聚乙烯绝缘层在试验电压（直流）和工作电压（交流）作用下，内部电场分布情况不同，其绝缘击穿过程不一样。在直流电压下，电场按绝缘电阻系数呈正比例分配，而交联聚乙烯绝缘材料由于融入一定杂质，使其电阻系数径向分布不均匀，因而在直流电压下电场分布存在不均匀性。在交流电压下，根据电通量连续性原理（$E_1\varepsilon_1 = E_2\varepsilon_2$），电场按介电系数呈反比例分配，交联聚乙烯为整体型绝缘结构，介电系数为 2.1～2.3，其内部电场分布比较稳定。因此，在交流电压下有缺陷的部位，在直流试验时不一定被击穿；反过来，在直流试验时被击穿部位，在交流电压下可能不会产生问题。

2）在交流工作电压下，交联聚乙烯绝缘内部如果有了水树枝，其发展是很缓慢的。而直流耐压试验会加速水树枝转变为电树枝，导致绝缘内产生积累效应，加速绝缘老化，缩短使用寿命。

3）交联聚乙烯电力电缆及附件绝缘内，在直流耐压试验过程中导致击穿，或在附件界面因积累电荷而沿界面滑闪。

（2）GB 50150—2016《电气装置安装工程 电气设备交接试验标准》规定，交联聚乙烯电缆优先采用 20～300Hz 交流耐压试验，各种电压等级电缆安装后耐压试验电压和时间列于表 3-7，不具备该实验条件时，可采用施加正常系统相对地电压 24h 代替交流耐压。

表 3-7   交联聚乙烯电缆安装后交流耐压试验

额定电压 U_0/U	电压	加压时间（min）
18/30kV 及以下	$2U_0$	15（或 60）
21/35～64/110kV	$2U_0$	60
127/220kV	$1.7U_0$ 或（$1.4U_0$）	60
190/330kV	$1.7U_0$ 或（$1.3U_0$）	60
290/500kV	$1.7U_0$ 或（$1.1U_0$）	60

IEC 标准及有关文件中对交联聚乙烯电力电缆不推荐采用直流耐压试验。额定电压 150～500kV 交联聚乙烯电力电缆在运行单位和施工单位达成协议的情况和附件安装期间的质量保证下，也可以用电力电缆线路外护套试验代替电力电缆绝缘试验。

对交联聚乙烯电力电缆进行交流耐压试验，除采用运行电网的电压外，较长的电力电缆线路需要有与其电容和充电电流相匹配的大容量试验设备。表 3-8 为 110、220kV 交联聚乙烯电力电缆的电容量和工频充电电流数据。

表 3-8　　　　　　　交联聚乙烯电力电缆的电容量和工频充电电流

电力电缆截面 (mm²)	110kV		220kV	
	电容（μF/km）	充电电流（A）	电容（μF/km）	充电电流（A）
400	0.156	3.13	0.118	4.17
500	0.169	3.40	0.124	4.94
630	0.188	3.78	0.138	5.50
800	0.214	4.30	0.155	6.18
1000	0.231	4.64	0.172	6.86
1600	0.273	5.49	0.918	7.90

三、护层耐压和绝缘电阻试验

实行金属护套一端接地或交叉互联的单芯电力电缆线路，电力电缆金属护套对地绝缘必须良好。为了检验护套绝缘在施工中是否损伤，竣工后应做护层耐压试验。护层耐压试验是在电力电缆金属护套或同心屏蔽丝屏蔽带与大地之间施加 10kV 直流电压，时间为 1min，以不击穿为合格。在进行耐压试验前，应将护层保护器临时解开。为使试验有效，电力电缆塑料外护套表面应涂有石墨导电层。

铝护套电力电缆线路，即使采用两段接地，也需做护层绝缘试验。可用绝缘电阻表测量，绝缘电阻应不低于 2MΩ。

四、充油电力电缆油样试验

1. 电力电缆油样的采集

电力电缆油样试验的目的是检验充油电力电缆及其附件中电力电缆油的质量，在采集试验用油样时应注意以下几点：

（1）采集油样应在清洁环境中进行，采集时要防止空气尘埃污染，不要在下雨时露天采集。

（2）对电力电缆线路采集油样应开启另一端压力箱，关闭取样端压力箱。对电力电缆终端采集油样应取自下尾管，对电力电缆接头采集油样应取自上油嘴。

（3）采集油样的容器一般用容量为 500mL 白色磨口瓶。玻璃瓶要先用中性洗涤剂清洗，用清水漂干净，再用蒸馏水冲洗，然后滴干水分，置于温度 105～110℃ 的通风烘箱内，干燥 2h。在采集油样现场，玻璃瓶还需用合格电力电缆油或者取油样处的电力电缆油再进行冲洗，每次冲洗油量为 1/3 瓶，反复 3 次，方可对电力电缆线路或附件采集油样。

（4）对电力电缆线路和附件采集油样，应在安装或换油后静置 24h 进行，采集的油样存放时间不应超过 24h。

2. 电力电缆油介质损耗角正切 tanδ 的测试

测试电力电缆油介质损耗角正切 tanδ 的主要目的是检验电力电缆油受可游离杂质的污染程度。测试用的主要设备为 QS-37 型交流高压电桥、油杯、高压控制仪、电位自动跟踪仪、指零仪、温控仪、加热器和热鼓风干燥箱等。

测试 tanδ 时，先将油样注入油杯，加热至 100±1℃，在电极间施加电压 1kV/mm，操作指零仪进行测试。油样试验合格标准为：①电力电缆线路、终端和接头中的油样 tanδ≤

0.5%；②油桶、压力箱和电力电缆盘上电力电缆的油样 $\tan\delta\leqslant0.3\%$。

3. 工频击穿强度试验

电力电缆油的工频击穿强度试验按 GB/T 507—2002《绝缘油　击穿电压测定法》规定进行，试验目的是检验电力电缆油耐受电场强度能力。试验用主要设备为 KTSY‑2 绝缘油电气强度试验仪和标准油杯。电力电缆油击穿试验在室温下（20±10℃）进行。施加电压时，从零开始升压，升压速度约 3kV/s，一直升到 50kV/2.5mm，应 5 次不击穿为合格（每次试验间隔 5min）。如发生击穿，应将油杯予以清洗。

五、油流阻力试验

为了检验充油电力电缆在敷设中油道有无变形，接头和终端安装中油道是否受阻，线路油流是否畅通，竣工后应进行油流阻力试验。

油流阻力试验方法是在电力电缆线路没有供油箱的一端，接上汞柱压力表、放油阀和盛油量杯，在阀门开启前读测压力表为 p_1，开启后待油流稳定读测时间、油量和压力 p_2，油道的油流阻力为

$$R = \frac{p_1 - p_2}{QL} \tag{3-5}$$

式中：R 为油流阻力，$\text{N}\cdot\text{s}/\text{cm}^6$；$Q$ 为每秒油的流量，cm^3/s；L 为油压力箱至测试端距离，cm；p_1 为放油前压力，N/cm^2；p_2 为油流稳定时压力，N/cm^2。

测量时，三相电力电缆由同一只压力箱供油，在测试端以量杯和秒表测量油流，在正常情况下三相油流的量值、油流阻力与理论计算值比较应相近。

六、电力电缆线路参数测量

重要的电力电缆线路在安装后需测量导体直流电阻、电力电缆电容、电力电缆线路正序阻抗和零序阻抗。

1. 导体直流电阻测量

电力电缆线路导体直流电阻需测量的场景有：

（1）检查电力电缆导体截面积和材料的导电率是否符合标准。

（2）检查电力电缆线路导体连接是否存在偶然缺陷。

（3）在测寻故障时，确认电力电缆实际长度与资料是否一致，导体是否有断裂。

导体直流电阻一般应用双臂电桥测量。QJ‑44 型直流双臂电桥电路如图 3‑8 所示。

在图 3‑8 中，P1、P2 为电位端子，C1、C2 为电流端子，分别接通桥臂电阻，R_x 为被测电阻。测量时，先将灵敏度调节到适当位置，运用调节倍率、刻度盘和微调盘读数相加，再乘以倍率，即为 R_x 的测量值（Ω）。

2. 电力电缆电容测量

测量电力电缆线路电容的作用有：①核算电力系统的电容电流；②检查电力电缆的绝缘厚度及质量是否符合要求。电力电缆电容与绝缘厚度有关，绝缘厚度减少电容增大。测量电力电缆电容量可采用交流充电法和交流电桥法，也可应用 QF1‑A 型电力电缆探伤仪测量。

（1）交流充电法测量电力电缆电容。当对电力电缆施加交流电压而不通过负荷电流时，测出电压数值和毫安表上读取的电容电流，可计算出电力电缆电容。用交流充电法测量分相屏蔽型电力电缆导体对地电容的接线如图 3‑9 所示。

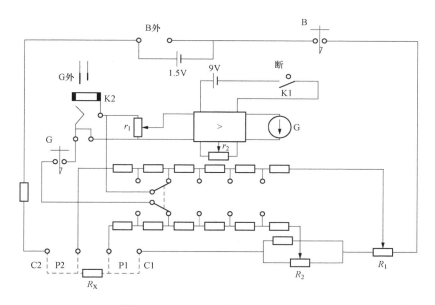

图 3 - 8　QJ - 44 型直流双臂电桥电路

G 外—检流计接线柱；B 外—电桥工作电源接线柱；G—检流计；B—电桥工作电源；
C1、C2—被测电阻电流端接线柱；P1、P2—被测电阻电位端接线柱；K1、K2—开关

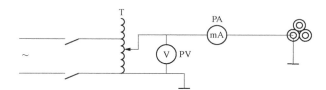

图 3 - 9　用交流充电法测量分相屏蔽型电力电缆导体对地电容接线

PA—毫安表；PV—电压表；T—调压器

为了避免电压表内阻影响测量误差，应将电压表跨接在毫安表之前，如图 3 - 9 所示。分相屏蔽型电力电缆导体对地电容 C（单位：μF）为

$$C = \frac{I}{\omega V} \times 10^3 \qquad (3 - 6)$$

式中：ω 为交流电角频率，$\omega = 2\pi f (f = 50\text{Hz})$；$I$ 为毫安表电流值读数，mA；V 为电压表电压值读数，V。

（2）交流电桥法测电力电缆电容。将单臂电桥、标准电容器与电力电缆相连接，使标准电容器和电力电缆为电桥的双臂，电桥内阻 R_A 和 R_B 为另外两臂，如图 3 - 10 所示。

图 3 - 10 中，X 为振荡频率 800～1000Hz 的音频振荡器，B 为耳机，调节电桥电阻 R_A 和 R_B，使耳机 B 接收不到声音时，即电桥达到平衡。

电力电缆导体对金属护套的电容 C_y（单位：μF）为

$$C_y = \frac{1}{3} \frac{R_{B1}}{R_{A1}} C_n \qquad (3 - 7)$$

电力电缆导体对其他两导体及对金属护套的电容 C_x（单位：μF）为

$$C_x = \frac{1}{2}\left(\frac{R_{B2}}{R_{A2}} - \frac{R_{B1}}{3R_{A1}}\right)C_n \tag{3-8}$$

式中：C_n 为标准电容器的电容值，μF；R_{A1}、R_{B1} 为测量导体对金属护套电容时电桥电阻臂读数，Ω；R_{A2}、R_{B2} 为测导体对其他相导体及金属护套电容时电桥电阻臂读数，Ω。

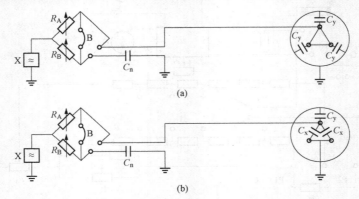

图 3-10　用交流电桥法测量统包型电力电缆的电容
（a）测量导体对金属护套电容；（b）测量导体对其他两导体及对金属护套的电容

交流电桥法可用于测量较长电力电缆线路电容，但存在一定程度的误差，因为测试方法与操作人员的听力有关。采用 QF1-A 型电力电缆探伤仪测量电力电缆电容的原理和交流电桥法相同。

3. 电力电缆线路正序和零序阻抗测量

电力电缆线路正序和零序阻抗是计算电力系统电路电流和感应电压的重要参数。正序阻抗是电力电缆导体的交流电阻和三相感抗的相量和；零序阻抗是电力电缆零序回路电阻与部分以大地为回路的三相感抗的相量和。由于电力电缆线路金属套的接地方式不同，并列线路的差异以及大地电阻率不同，很难用计算方法得出零序阻抗的精确数值，因此常以实测数据作为电力电缆线路零序阻抗参数。电力电缆线路正序阻抗和零序阻抗测量，可分别采用图 3-11 和图 3-12 所示接线（注意功率表同极性端的正确接法）。测量正序和零序阻抗要求电源电压较低，一般采用 15kVA 多量限抽头式降压变压器作为测量电源。测量时，各个表计必须同时读数。

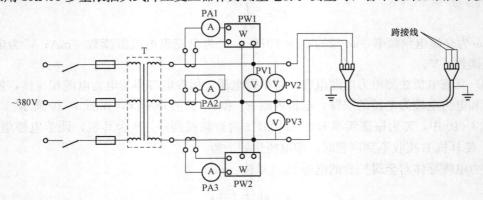

图 3-11　测量电力电缆正序阻抗接线
T—抽头式降压变压器；PA1、PA2、PA3—电流表；PV1、PV2、PV3—电压表；PW1、PW2—有功功率表

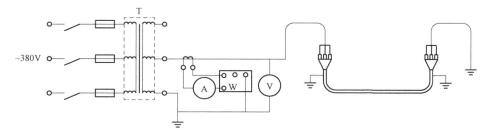

图 3 - 12　测量电力电缆零序阻抗接线

正序阻抗 Z_1、正序电阻 R_1 和正序电抗 X_1 的计算公式为

$$\left.\begin{array}{l} Z_1 = \dfrac{U}{\sqrt{3}I} \\[2mm] R_1 = \dfrac{P_1 + P_2}{3I^2} \\[2mm] X_1 = \sqrt{Z_1^2 - R_1^2} \end{array}\right\} \tag{3-9}$$

式中：U 和 I 分别为电压表和电流表读数平均值；P_1、P_2 为两只功率表读数。

零序阻抗 Z_0、零序电阻 R_0 和零序电抗 X_0 的计算公式为

$$\left.\begin{array}{l} Z_0 = \dfrac{3U}{I} \\[2mm] R_0 = \dfrac{3P}{I^2} \\[2mm] X_0 = \sqrt{Z_0^2 - R_0^2} \end{array}\right\} \tag{3-10}$$

式中：U、I、P 分别为电压表、电流表和功率表读数。

七、接地电阻测量

1. 电力电缆线路接地装置和接地电阻

（1）电力电缆线路接地装置。接地装置包括埋设在土壤中的接地极和用扁钢组成的接地网。电力电缆线路必须将电力电缆金属护套、终端和接头的金属外壳按规定的接地方式（直接接地或经护层保护器接地）与接地装置可靠连接，并达到符合要求的接地电阻值，以满足电力电缆线路正常运行和发生故障时的安全保护需要。因此，电力电缆终端和接头处在电力电缆线路各种土建设施内，必须具有符合规定的接地装置。

（2）接地电阻。接地电阻是接地装置（接地体）到大地无穷远处土壤的总电阻。在有接地电流通过接地装置流入大地时，接地电阻 R 等于接地装置电压 U 与流入大地电流 I 的比值。可见，接地电阻过大，当发生故障时，将导致接地装置上出现过高的电压，威胁人身和设备安全。

根据 GB 50169—2006《电气装置安装工程 接地装置施工及验收规范》，电力电缆线路接地电阻一般应不大于 4Ω，在土壤电阻率特别高的地区不允许大于 10Ω。电力电缆线路中所有土建设施的接地电阻应进行实测。在电力电缆线路投入运行后，为检查接地极可能由于机械损坏或化学腐蚀影响导致接地电阻变化，需对接地装置进行检查和测量接地电阻。

2. 接地电阻测量方法

电力电缆线路接地电阻用接地电阻测试仪进行测量。常用测试仪器有 ZC29 型接地电阻测试仪和 HDGT2010 钳型接地电阻测试仪等。

ZC29 型接地电阻测试仪俗称接地摇表，它由手摇直流发电机、检流计、电流互感器、滑线电阻等部件组成。用它测量接地电阻的方法通常称电压 - 电流法，其接线如图 3 - 13 所示。仪器上的 E、P、C 三个端钮分别与接地装置、电位探棒和电流探棒连接，其间连接导线的长度分别为 5、20m 和 40m，电位探棒必须在接地装置和电流探棒中间。ZC29 型接地电阻测试仪的测量阻值范围在 0～100Ω，分 0.1、1 和 10 三个量程。测量时转速为 150r/min，但应注意刚开始测量时转速应较慢，当检流计接近平衡时，再加快手摇发电机转速达到 150r/min。在测试过程中，如果检流计灵敏度过高，可将两根探棒插入土壤稍浅一些，如果检流计灵敏度过低，可在两根探棒处浇点水使土壤湿润。

HDGT2010 钳型接地电阻测试仪实物如图 3 - 14 所示。其基本原理是：仪表钳口部分由电压线圈和电流线圈组成，电压线圈提供激励信号，并在被测回路中产生感应电动势 E，在电动势 E 作用下，在被测回路中产生电流 I，仪表对 E 和 I 进行测量，从而得出回路被测电阻，即接地电阻 $R=E/I$。该仪器的优点是测量中不必打辅助接地极，只需将钳口钳绕被测接地线，即可从液晶屏上读出接地电阻值，测量范围在 0.1～0.99Ω 时的分辨力为 0.01Ω。

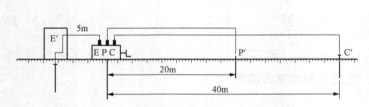

图 3 - 13　ZC29 型接地电阻测试仪测量接线图　　　图 3 - 14　HDGT2010 钳型接地电阻测试仪

第四节　电力电缆线路预防性试验

电力电缆线路投入运行后，为防止发生绝缘击穿及线路附属设备损坏，需按照一定周期进行的电气试验称为电力电缆线路预防性试验。预防性试验是判断电力电缆线路能否继续投入运行和预防电力电缆在运行中发生事故的重要措施。

预防性试验的一些项目与竣工试验相似，而试验标准有所差异。为检验充油电力电缆油运行后的性能变化，还应进行电力电缆油中溶解气体色谱分析试验。

一、电力电缆预防性试验项目和周期

电力电缆预防性试验部分项目和周期见表 3 - 9。重要电力电缆线路、运行中发现缺陷或电力电缆预防性试验结果不符合试验标准而在监视条件下运行的电力电缆线路，其电力电缆预防性试验周期应适当缩短。为了提高设备可用率，减少重复停电时间，电力电缆线路预防性试验应尽可能与其他电气设备检修同步进行。

表 3 - 9　　　　　　　　　　　电力电缆预防性试验部分项目和周期

电力电缆种类	电压 U_0/U （kV/kV）	试验项目	要求	周期
交联聚乙烯电力电缆	6/6～8.7/10	0.1Hz 耐压	2.1U_0/5min	重要项目 2 年 一般项目 4～5 年
		测主绝缘电阻	5000V 绝缘电阻表	
	26/35	0.1Hz 耐压	2.1U_0/5min	2 年
		测主绝缘电阻	5000V 绝缘电阻表	
	64/110～127/220	交流变频谐振耐压	110kV：1.36U_0/5min 220kV：1.12U_0/5min	1 年
		测护层绝缘	1000V 绝缘电阻表	

二、电力电缆预防性试验一般规定

（1）对电力电缆的主绝缘做耐压试验后测量绝缘电阻，应分别在每一相上进行，同时将其他两相导体和金属护层接地。

（2）新安装电力电缆线路一般应在投入运行 6～12 个月后做一次试验，然后按正常周期试验。

（3）电力电缆线路经改接或故障修理，重新制作接头或终端后应进行试验，试验合格后方可投入运行。实验项目和要求见表 3 - 10。

表 3 - 10　　　　　　　　　　电力电缆故障或改接后试验项目和要求

电力电缆种类	电压 U_0/U(kV/kV)	实验项目和要求
交联聚乙烯电力电缆	8.7/10	直流 35kV/5min
	26/35	直流 78kV/5min
	64/110～127/220	同竣工试验

（4）在进行直流耐压试验时，同时读取泄漏电流。当发现泄漏电流不稳定或泄漏电流随试验电压急剧上升或随时间增长而上升时，可以适当延长试验时间和提高电压，但试验电压不可超过竣工试验标准的规定值。对于 6～10kV 电力电缆，除泄漏电流小于 20μA 外，三相之间泄漏电流不平衡系数应不大于 2。

（5）电力电缆绝缘电阻的参考数值：

1）1kV 及以下电压等级电力电缆用 1000V 绝缘电阻表测得的主绝缘电阻值应不低于 0.5MΩ/km；

2）6～10kV 交联聚乙烯电力电缆用 5000V 绝缘电阻表测得的主绝缘电阻值应不低于 100MΩ/km，且电阻值稳定；

3）35kV 交联聚乙烯电力电缆用 5000V 绝缘电阻表测得的主绝缘电阻值应不低于 1000MΩ/km，且电阻值稳定；

4）110～220kV 电力电缆用 1000V 绝缘电阻表测得的护层绝缘电阻值不低于 0.5MΩ/km。

（6）对金属护套一端接地或交叉互联的电力电缆线路，在做主绝缘耐压试验时，必须将护层保护器短接，使该处金属护套临时接地。在做护层耐压试验或测护层绝缘电阻时应分段进行，且必须将护层保护器临时断开。

（7）电力电缆线路停电后投运前必须通过试验确认绝缘良好。停电时间为 7～30 日，应用绝缘电阻表测主绝缘电阻，停电时间为 31～365 日应进行"证明性试验"，即按 50％试验电压（加压 1min）做耐压试验。

三、充油电力电缆油样试验

充油电力电缆线路的电力电缆油应按预防性试验周期进行油样试验。油样采集和试验方法与竣工试验相同，试验项目与要求如下：

（1）工频击穿强度。不低于 50kV/2.5mm。

（2）介质损耗角正切 tanδ 测量。油温 100±1℃，场强 1kV/mm 下，tanδ 应不大于 0.01。

（3）油中溶解气体色谱分析。电力电缆油中溶解气体色谱分析的试验方法和要求按 DL/T 596—1996《电力设备预防性试验规程》规定。采集油样应用 100cm³ 棕色瓶。电力电缆油中溶解气体组分含量注意值见表 3-11。当气体含量达到注意值时，应进行追踪分析查明原因。

表 3-11　　　　　　　　　　　　电缆油中溶解气体组分含量的注意值

电缆油中溶解气体的组分	注意值（体积分数）×10⁻⁶ ［mg/（dm）³］	参考检查方案
可燃气体总量	1500	全面检查
氢气 H_2	500	检测电晕放电
乙炔 C_2H_2	痕量	检测电弧放电
一氧化碳 CO	100	检测绝缘过热
二氧化碳 CO_2	1000	
甲烷 CH_4	200	检测油低温分解
乙烷 C_2H_6	200	
丙烷 C_3H_6	200	
乙烯 C_2H_4	200	检测油高温分解
丙烯 C_3H_6	200	
溶解气体总量	10000	检测密封性能
微水量	10	
全酸值 mg（KOH）/g	0.02	检测油化学老化

第四章　电力电缆终端和接头

第一节　终端和接头的选择与技术性能

电力电缆终端是安装在电力电缆线路两个末端，使电力电缆与电力系统其他电气设备相连接，并保持绝缘与密封性能至连接点的装置。电力电缆接头是安装在电力电缆与电力电缆之间，具有一定绝缘和密封性能，使两根及以上电力电缆导体连通，形成连续电路的装置。电力电缆终端和接头统称为电力电缆附件，是电力电缆线路中不可缺少的组成部分。

一、电力电缆终端和接头的选择

1. 电力电缆终端和接头选择原则

（1）优良的电气绝缘性能。终端和接头的额定电压应不低于电力电缆的额定电压，其雷电冲击耐受电压，即基本绝缘水平，也应与电力电缆相同。

（2）合理的结构设计。终端和接头的结构应符合电力电缆绝缘类型的特点，使电力电缆的导体、绝缘、屏蔽和护层这四个结构层分别得到延续，并力求安装与维护方便。

（3）满足安装环境要求。终端和接头应满足安装环境对其机械强度与密封性能的要求。电力电缆终端的结构形式与电力电缆所连接的电气设备的特点必须相适应，设备终端和 GIS 终端应具有符合要求的接口，其连接金具必须相互配合。户外终端应具有足够的泄漏比距和抗电蚀、耐污闪的性能。

另外，电力电缆终端和接头的各种组件、部件和材料，应质量可靠、价格合理，尽量立足国内。

2. 电力电缆终端和接头型号

各种类型电力电缆终端和接头按以下标注方法冠以一定型号（代号）。

（1）字母和数字标注法。按照 GB/T 6995.1—2008《电线电缆识别标志方法　第 1 部分：一般规定》规定，以字母和数字标注电力电缆终端与接头型号，其组成和排列顺序如图 4-1 所示。

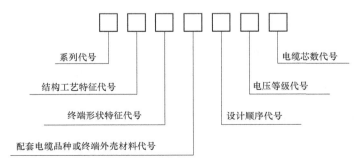

图 4-1　字母和数字标注法

电力电缆终端和接头常用代号列于图 4-2。

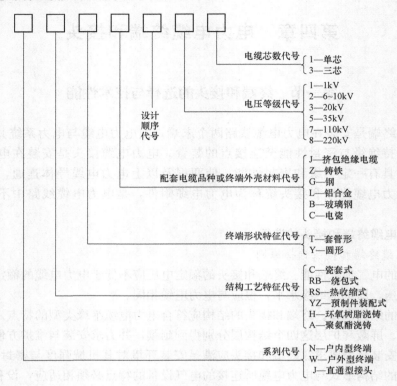

电缆芯数代号 { 1—单芯 / 3—三芯

电压等级代号 { 1—1kV / 2—6~10kV / 3—20kV / 5—35kV / 7—110kV / 8—220kV

设计顺序代号

配套电缆品种或终端外壳材料代号 { J—挤包绝缘电缆 / Z—铸铁 / G—钢 / L—铝合金 / B—玻璃钢 / C—电瓷

终端形状特征代号 { T—套管形 / Y—圆形

结构工艺特征代号 { C—瓷套式 / RB—绕包式 / RS—热收缩式 / YZ—预制件装配式 / H—环氧树脂浇铸 / A—聚氨酯浇铸

系列代号 { N—户内型终端 / W—户外型终端 / J—直通型接头

图 4-2　电力电缆终端和接头常用代号

（2）数字加后缀标注法。电力电缆终端和接头型号的另一种标注方法是以 4 位数再加后缀表示。型号组成和排列顺序如图 4-3 所示。

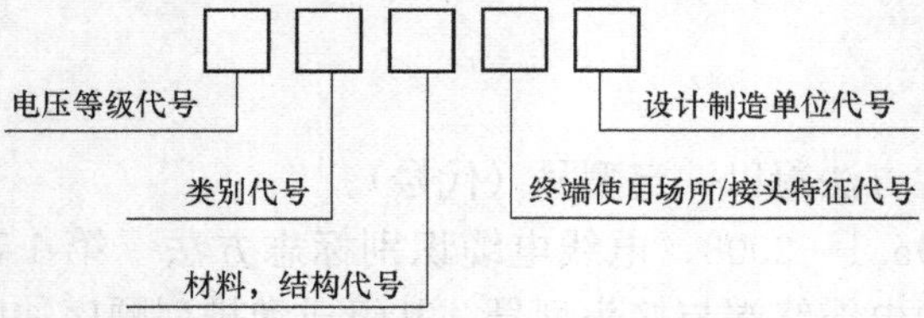

电压等级代号
类别代号
材料，结构代号
终端使用场所/接头特征代号
设计制造单位代号

图 4-3　数字加后缀标注法

各种代号的含义见图 4-4。

二、终端和接头基本技术性能

根据电力电缆终端和接头特点，其基本技术要求可以归纳为以下三点，即完善的绝缘性能、可靠的密封性能和足够的机械强度。

1. 绝缘性能

电力电缆终端和接头要有满足电力电缆线路在各种状态下长期安全运行的绝缘性能，并有一定裕度。户外电力电缆终端的外绝缘必须满足装置环境条件（如污秽等级、海拔高度等）的要求。

电力电缆终端和接头试样，应能通过按标准规定的交、直流耐压试验、冲击耐压试验和局部放电试验。户外终端应能承受淋雨和盐雾下耐压试验。

2. 密封性能

完善而可靠的密封，对于确保电力电缆附件的绝缘性能是极为重要的。电力电缆附件密封工艺的质量，在很大程度上决定了电力电缆附件的使用寿命。终端和接头的密封结构，包

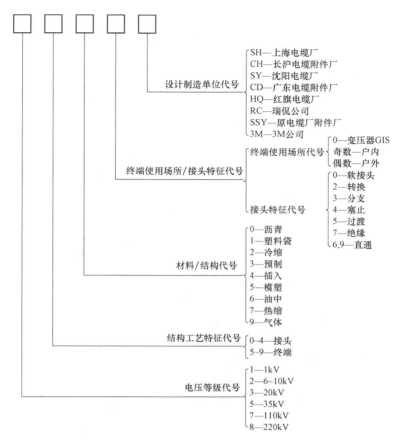

图 4-4　电力电缆终端和接头型号表示方法

括壳体、密封垫圈、搪铅和热缩管等，要能有效地防止外界水分或有害物质侵入绝缘，并能防止终端或接头中绝缘剂流失。

在终端和接头中采用密封垫圈的装配部位，如金属法兰、壳体和套管的平面或凹槽，必须符合工艺要求，应进行抽样密封试验。电力电缆接头的密封套，还应同时具有防腐蚀性能。

3. 机械强度

电力电缆终端和接头应能承受各种运行条件下所产生的机械应力。终端的瓷套管和各种金具，包括上下屏蔽罩、紧固件、底板及尾管等，都应有足够的机械强度。高压电力电缆户外终端的机械强度应满足使用环境的风力和地震等级的要求，并能承受和它连接的导线上 2kN 的水平拉力。

固定敷设的电力电缆接头，其连接点的抗拉强度应不低于电力电缆导体抗拉强度的 60%。为了保护接头免受机械损伤和腐蚀，在接头外应有保护盒。保护盒外壳与电力电缆外护层粘合，其中浇注绝缘剂。直埋土壤的接头保护盒应作防腐处理，并能承受路面荷载的压力。

第二节　交联聚乙烯电力电缆终端和接头

一、结构形式和特点

1. 交联聚乙烯电力电缆终端和接头有七大类，即绕包式、预制装配式、热缩式、冷缩式、可分离连接器、模塑式和浇铸式等。

2. 常用终端和接头形式

（1）绕包式。这种形式的终端和接头的主要结构是在现场绕包成型的。各种不同特性的带材，包括以乙丙橡胶、丁基橡胶或硅橡胶为基材的绝缘带、半导电带、应力控制带、抗漏电痕带、密封带、阻燃带等，在一定范围内是通用的，不受电力电缆结构尺寸的影响。为确保绕包式终端和接头的质量，应注意选用合格的带材，并具备良好的施工环境条件（如空气湿度、防灰尘措施等）。图 4 - 5 是 10kV 和 35kV 两种绕包式电力电缆终端结构图。

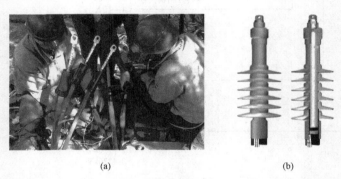

(a)　　　　　　　　　(b)

图 4 - 5　交联聚乙烯电力电缆绕包式终端图
(a) 10kV 绕包式终端图；(b) 35kV 绕包式终端图

（2）预制装配式和可分离连接器。这两种形式统称为预制式，其主要部件为合成橡胶预制件，常用材料有三元乙丙橡胶（EPDM）和硅橡胶（SIR）两种。预制装配式和可分离连接器的结构不同点在于：前者仅将电力电缆终端或接头所需要的增强绝缘和屏蔽层（包括应力锥）在工厂组合为一体，现场套装在经过处理后的电力电缆末端或接头处，而导体连接方式与一般电力电缆附件相同。后者除把增强绝缘和屏蔽层（包括应力锥）在工厂组合为一体外，还带有导体连接金具，安装在电力电缆之上后，通过一个过渡件直接插入或借助螺栓连接到电器设备上去，需要时可以分离。可分离连接器的最大特点是带电导体封闭在绝缘内部，适合于环网柜和电力电缆分支箱使用。图 4 - 6 和图 4 - 7 分别为预制装配式终端和 10kV 可分离连接器结构图。

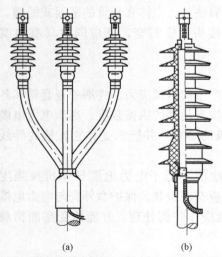

(a)　　　　　　　(b)

图 4 - 6　交联聚乙烯电力电缆预制式终端
(a) 10kV 预制式终端；(b) 35kV 预制式终端

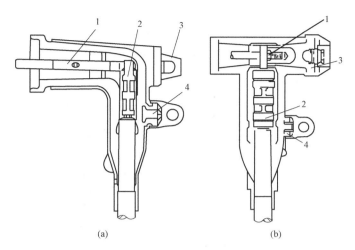

图 4-7 10kV交联聚乙烯电力电缆可分离连接器

（a）插入式（肘形）可分离连接器；（b）螺栓式可分离连接器

1—导电杆（螺栓）；2—连接金具；3—操作孔（绝缘插件）；4—测试点

  预制装配式橡胶预制件一般分为多种规格的系列产品，使用时，应根据电力电缆绝缘外径选择合适的产品，使预制件与电力电缆绝缘之间为过盈配合，以确保足够的界面压力。预制式终端导体连接金具应与其所连接的电气设备相匹配。预制式接头的应力控制管与电力电缆外屏蔽之间应有一定的距离，使界面放电电压有适当裕度。安装时电力电缆绝缘表面要涂硅脂，并保持界面干燥、清洁。

  图4-8和图4-9为10kV交联聚乙烯电力电缆热缩式接头和冷缩式接头图。

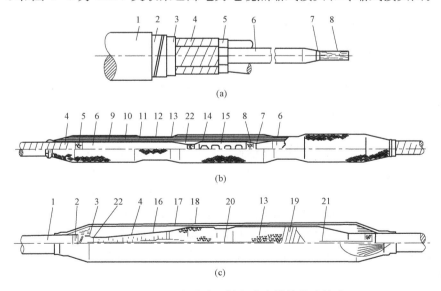

图 4-8 10kV交联聚乙烯电力电缆热缩式接头

（a）三芯电力电缆末端剥切；（b）单相热缩；（c）三相外加护套管热缩

1—外护层；2—钢带；3—内护层；4—屏蔽铜带；5—外半导电层；6—电力电缆绝缘；7—内半导电层；8—导体；
9—应力管；10—内绝缘管；11—外绝缘管；12—半导电管；13—屏蔽铜丝网；14—半导电带；15—连接管；
16—内护套管；17—外护套管；18—金属护套管；19—绑扎带；20—过桥线；21—铜带跨接线；22—填充胶

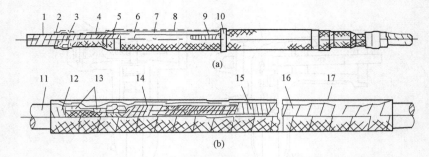

图 4-9　10kV 交联聚乙烯电力电缆冷缩式接头图

(a) 10kV 单相冷缩接头；(b) 10kV 三相冷缩接头

1—屏蔽铜带；2—橡胶自黏带；3—恒力弹簧；4—半导电带；5—外半导电层；6—电力电缆绝缘；
7—冷缩绝缘管；8—屏蔽铜网；9—连接管；10—PVC 胶黏带；11—电力电缆外护层；
12—橡胶自黏管；13—防水带；14—铜带跨接线；15—PVC 胶黏带；16—填充带；17—铠装带

（3）模塑式。利用辐照交联或化学交联的聚乙烯薄膜带材绕包在经过处理后的电力电缆接头处，采用专用模具加热成型的接头称为模塑式接头。聚乙烯带材经过剂量为（1～1.5）× 10^7 拉特的电子辐照，并预拉伸 30％的加工处理，绕包成接头后，在模具的紧压下经过加热回缩作用并熔融成一体，使绕包的带材层间气隙受到压缩，因而提高了气隙放电电压。

（4）浇铸式。用热固性树脂现场浇铸在电力电缆接头盒或者接头模具内而形成的电力电缆接头称为浇铸式接头。在交联聚乙烯等挤包绝缘电力电缆上使用较多的是聚氨酯树脂，主要用作直通式和分支式接头，固化后的聚氨酯具有较高的弹性。

二、交联聚乙烯电力电缆终端和接头安装

1. 准备工作和安装注意事项

交联聚乙烯电力电缆终端和接头安装的准备工作如下：

（1）检查电力电缆终端或接头部件、材料，应与被安装电力电缆规格相符。

（2）检查安装工器具是否备齐。

（3）检查电力电缆绝缘是否受到损伤，绝缘是否受潮。

（4）矫直并揩清端部一段电力电缆。

（5）做好防雨、防尘措施。

根据交联聚乙烯电力电缆绝缘结构和性能特点，应特别注意以下几点：

（1）对交联聚乙烯电力电缆一般只测试绝缘电阻，而不做直流耐压试验。

（2）应仔细检查电力电缆端部封套是否完好无损。检查导体中有无渗入水分。导体中渗入水分在运行中会产生"水树枝"，如果经检查发现已有水分渗入导体，必须采取以下措施将水分排除，其方法为：拆除封套，将电力电缆端部尽量放低，使导体间隙中水分自然滴出。然后采用干燥气体驱赶法排除导体中渗入的水分。图 4-10 为干燥气体驱赶法排除导体中水分管路图。

在电力电缆一端灌入干燥氮气或相对湿度小于 50％的干燥空气，在电力电缆另一端接上真空泵。真空泵开启后，在玻璃缸中可能有水珠滴出，维持真空度在 250～300Pa，持续 8h。当玻璃缸中已无水珠滴出时，可在玻璃缸中放入变色硅胶，如玻璃缸中硅胶在 5min 内不变色，表明导体中渗入水分已经被排除。

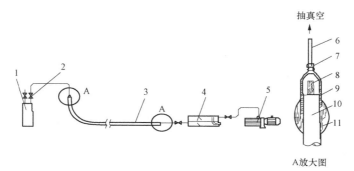

图 4-10　干燥气体驱赶法排除导体中水分管路图

1—干燥介质；2—阀门；3—电力电缆；4—玻璃缸；5—真空泵；6—塑料管；7—螺母；

8—导体；9—铅套管；10—交联绝缘层；11—自黏胶带

（3）安装场所应保持干燥和清洁，应有防雨防尘措施。安装绕包式接头时操作者应戴尼龙手套。

（4）所有安装工具使用前必须擦干净。

（5）用无水酒精或其他合适的清洁剂对绝缘表面进行清揩时，要从绝缘层端部开始向半导电屏蔽层方向清揩，不得反方向。

（6）制作 35kV 预制式接头，应对端部电力电缆进行加热矫直处理。加热矫直的简便方法是：用适当长度的角钢或"哈夫"圆管为夹具将端部电力电缆夹紧，用燃烧器均匀烘热，控制温度为 80～90℃，冷却 2h 后拆除夹具。

2. 剥切电力电缆

（1）剥切外被层（外护套）和铠装层的方法为：按照终端或接头结构及安装说明书规定尺寸，剥切电力电缆外护层和铠装层。在锯钢带处揩清油污，先用钢扎丝绕 2 圈扎紧，再用钢锯沿圆周锯钢带约 2/3 厚度，不可锯穿，然后剥去钢带；剥铅包。按规定剥铅长度，用刀沿圆周将铅护套划一深痕，不可划穿。然后沿电力电缆纵向划两道刀痕至末端，撕下两道刀痕间铅条，再剥去铅护套；对 6～10kV 电力电缆，用胀铅楔将铅包胀到原直径的 1.2 倍，胀铅时不得损伤半导电纸和绝缘纸，铅包边沿应圆整光滑。

（2）剥切内衬层和填料，将内衬层剥到距铠装层切断处 5～10mm。

（3）剥切内衬层屏蔽层，按规定尺寸，先用铜扎线将金属屏蔽层扎两道，如果是铜带屏蔽层，可用刀在铜带上划一道痕，但不可划穿，再剥去铜带；如果是铜丝屏蔽层，则将铜丝沿电力电缆圆周方向拆下，用铜丝扎紧，屏蔽铜丝可代替接地线用。

（4）剥切半导体层。6～35kV 电力电缆的半导电屏蔽层为可剥离半导电屏蔽层，剥切时，应用小圆锉在规定尺寸处沿圆周挫一道槽，再用小刀沿轴向划几道痕，锉槽和划痕时不可伤及绝缘层，如果环境温度较低，可用燃烧器略微加热，以利剥下半导电层。

制作 6～35kV 交联聚乙烯绝缘电力电缆接头和终端时，一般应保留 20mm 半导电屏蔽层，其余均剥去。半导电屏蔽层剥切后与电力电缆绝缘交界处的处理非常重要，必须使电力电缆半导电层末端和应力锥半导电层连接，或者和应力控制管、应力控制带连接，形成均匀的、平滑的过渡。半导电层末端处理常见三种方法，见图 4-11。

（5）剥切绝缘层。使用专用切削刀具按规定尺寸剥切电力电缆末端绝缘层。剥切时不可损伤导体。

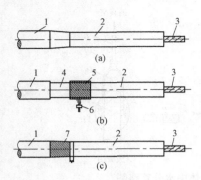

图 4-11　半导电层末端处理方法
(a) 砂磨坡度；(b) 涂半导点漆；
(c) 绕包半导电橡胶自黏带
1—外半导电层；2—交联绝缘层；3—导体；
4—喷漆（或涂漆）半电导层；5—绕包 PVC 胶黏带；
6—喷具嘴；7—半导电橡胶自黏带

导电层表面。

5. 安装接地线

一般采用镀锡铜丝编织线为接地线，在接头中也称等位连接线。接地线使电力电缆外屏蔽层处于零电位。而当电力电缆线路发生短路时则通过故障电流。具有铜丝屏蔽层的电力电缆，原有的屏蔽铜丝可以替代接地线（或等位线）。

(6) 切削反应力锥。使用专用卷刀按规定尺寸切削反应力锥（俗称铅笔头）。

3. 增强绝缘

交联聚乙烯电力电缆接头和终端的增强绝缘材和工艺，按各种不同的品种、结构而定，需根据不同品种、结构的电力电缆接头或终端，制定相应的安装工艺。

4. 外屏蔽层处理

在绕包式或模塑式的终端和接头中，采用现场绕包半导电带的方式，并与电力电缆的半导电层连通，而预制式则在工厂预制成型；金属屏蔽层与半导电屏蔽层紧密贴合，并与电力电缆的金属屏蔽层连通。常用的金属屏蔽层为铜丝网或软铅线，用套装或绕包的方法加在半导电层表面。

第三节　充油电力电缆终端和接头

一、终端结构

1. 结构组成

110kV 及以上自容式充油电力电缆终端，在结构上主要由以下五部分组成：

(1) 内绝缘，起改善终端电场分布作用，有增强式和电容式两种结构；

(2) 内外绝缘隔离层，一般为瓷套管或者环氧树脂套管，其作用式保护电力电缆绝缘不受外界媒质的影响；

(3) 屏蔽帽，其作用是防止顶部尖端放电；

(4) 密封结构；

(5) 出线和固定金具。

2. 结构型式

(1) 敞开式终端。这种型式终端适用于电力电缆和架空线或其他电器设备相连，以瓷套管为内外绝缘隔离。一般 110~220kV 级的内绝缘结构采用增强式，330kV 及以上多数采用电容式。

增强式终端的结构特点是，在电力电缆绝缘表面包增绕绝缘层，以降低终端部分的径向场强和轴向场强。然后再增绕绝缘外套上用环氧树脂浇铸成型的增强件（应力锥），以提高终端内绝缘电气强度，使内绝缘距离大为缩短，应力锥可以高于瓷套的接地法兰屏蔽，从而改善瓷套表面电场分布，提高终端滑闪放电电压。增强式终端结构如图 4-12 所示。

电容式终端的结构特点是在电力电缆绝缘表面附加电容元件，即采用"电容锥"或"电容饼"的结构，以强制电力电缆终端轴向电场均匀分布，减少了终端高度和直径。

（2）封闭式终端。这种型式终端的基本特点是，处于高电压部分的金属导体不外露于空气中，它包括用于和 SF_6 气体绝缘、金属封闭组合电器直接连接的 GIS 终端和作为电力电缆与高压电气设备进出线接口的设备终端。

GIS 终端结构紧凑，不受外界大气压条件影响，在城市电网中得到了越来越广泛的应用，220kV 自容式充油电力电缆 GIS 终端如图 4-13 所示。

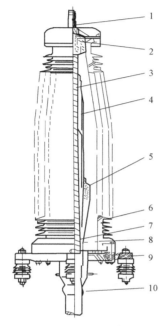

图 4-12　220kV 充油电力电缆环氧增强式终端

1—出线梗；2—钢衬芯；3—电力电缆绝缘；4—增绕；5—环氧锥；
6—瓷套管；7—接地屏蔽；8—环氧支撑架；9—底板；10—封铅

图 4-13　220kV 自容式充油电力电缆
GIS 终端

在 GIS 终端中，采用环氧套管隔离油纸绝缘和 SF_6 气体。由于接地外壳的存在，沿环氧套管表面的电场分布较为均匀，电场集中在高压屏蔽处，而不像敞开式终端那样集中在接地屏蔽处。

二、接头结构

110kV 及以上自容式充油电力电缆接头，按用途不同有直通接头、绝缘接头和塞止接头三种形式。

1. 直通接头

直通接头的作用是将两端充油电力电缆相互对接，其技术要求如下：

（1）导体连接采用特质压接管，电力电缆油道内加钢衬芯。使电力电缆导体连接不仅确保电气连通，而且确保经压接后油道中油流畅通。

（2）靠近导体连接处的电力电缆绝缘剥切形成反应力锥。

（3）在电力电缆绝缘上面绕包增绕绝缘，其结构是先以皱纹纸带和平纸带包绕至与电力电缆绝缘外径相同，再包绕平纸带或成型纸卷，增绕绝缘两端形成锥形面应力锥。

（4）两端应力锥和增绕绝缘表面依次用半导电皱纹纸、铜带和铜丝编织带绕包形成等位面，并与两端电力电缆的绝缘屏蔽连通。

（5）接头外壳为铜套管，并附有上、下油嘴。铜套管中部和两端采用搪铅密封。图 4 - 14 为 220kV 自容式充油电力电缆直通接头。

图 4 - 14　220kV 自容式充油电力电缆直通接头

2. 绝缘接头

绝缘接头是用于较长的单芯电力电缆线路实行金属护套交叉互联，以限制金属护套感应电压和减小金属护套损耗的特殊接头。这种接头两端金属护套用环氧树脂绝缘隔离板隔开，绝缘隔离板应能承受所连电力电缆护层绝缘水平 2 倍的电压。绝缘接头外屏蔽断开示意图如图 4 - 15 所示。

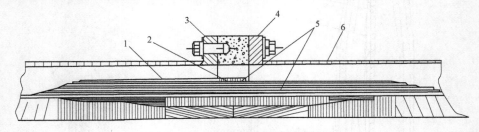

图 4 - 15　绝缘接头外屏蔽断开示意图
1—绝缘屏蔽；2—另一端绝缘屏蔽；3—螺栓；4—环氧隔离片；5—绝缘层；6—外壳

3. 塞止接头

塞止接头只作电力电缆电气连接，隔离被连接的电力电缆油道，使油流互不相通。塞止接头可分隔不同油压的电力电缆线路，使各段电力电缆内部油压力不超过允许值，缩短供油设备的供油长度，从而减小暂态油压的变化。塞止接头的分隔作用还能防止电力电缆漏油故障扩大到整条电力电缆线路。

三、充油电力电缆专用工具和设备

1. 真空装置

安装充油电力电缆终端和接头，为了除去增绕绝缘内和套管中的空气和潮气，必须采用真空装置作抽真空处理。真空装置由真空泵、除气溢油缸、麦氏真空计、电磁阀和隔膜式真空阀组成，如图 4 - 16 所示。

真空装置中电磁阀的作用是防止真空油倒吸入真空管路中，用三相电动机的真空泵不允许倒转，也不允许两相运转。

麦氏真空计是旋转式真空计，它是用以测量真空系统绝缘对真空的压缩式真空计，用硬制玻璃制成。这种真空计不测量时为平放位置，测量时缓慢转 90°，呈直立位置，如图 4 - 17 所示。

图 4 - 16　真空装置

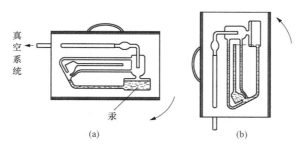

图 4 - 17　旋转式麦氏真空计

（a）不测量时平放；（b）测量时直立

2. 电力电缆油真空脱气机

电力电缆油真空脱气机，是用于高压电力电缆油脱气处理的重要设备。真空脱气机的容量取决于储油罐的容积。储油罐为密封容器，用不锈钢板或铝合金板制成，其容积可根据需要确定。

学生可以扫描二维码自行学习。

知识拓展

充油电力电缆终端和
接头的安装工艺

第五章 电力电缆敷设

第一节 电力电缆敷设路径

一、电力电缆敷设路径的确定

电力电缆线路设计和敷设工程的一个重要问题是确定电力电缆敷设路径，即寻求一条从电源点到受电点之间技术上和经济上最合理的电力电缆线路地下通道。确定电力电缆敷设路径应符合城市发展和电网远景规划的要求，综合考虑路径长度、施工、运行和维修方便等因素，统筹兼顾，做到经济合理、安全适用。下面介绍确定电力电缆敷设路径应当遵守的原则。

1. 统一规划原则

电力电缆线路敷设路径应与城市总体规划相结合。电力电缆路径包括电力电缆及其附属土建设施（如电力电缆排管、工井、隧道、电力电缆沟等）的平面位置和埋设深度，应符合城市规划管理部门制订的地下管线统一规划。电力电缆线路设计施工图必须送交城市规划管理部门审批，取得"管线执照"。电力电缆土建设施应按电网规划预留适当裕度一次建成。

2. 安全运行原则

确定电力电缆敷设路径必须满足电力电缆线路长期安全运行的要求，主要有以下几点：

（1）直埋敷设的电力电缆或供敷设电力电缆的土建设施，不应平行设置于其他管线的正上方或正下方。

（2）电力电缆相互之间和电力电缆与其他管线、构筑物之间允许最小间距应符合表5-1的规定。如果局部地段不符合规定，应采取必要的保护措施。

（3）当直埋敷设电力电缆发生交叉时，高电压等级电力电缆应从低电压等级电力电缆下面穿越。

（4）在电力电缆路径上应没有构成使电力电缆护层产生化学腐蚀的物质，土壤pH值应为6～8。

（5）在电力电缆路径上不应有使电力电缆承受过大机械压力的堆物或长期频繁的振动源。

表5-1 **电力电缆和管线、构筑物的允许最小间距**

控制项目		允许最小间距（m）	
		平行	交叉
电力电缆相互间净距	10kV及以下	0.1	0.5*
	35kV及以下	0.25	
	不同部门电力电缆	0.5	
电力电缆与建筑物基础净距		0.6	—
电力电缆与热力管道净距		2	0.5*
电力电缆与自来水及其他管道净距		0.5	0.5*

续表

控制项目		允许最小间距（m）	
		平行	交叉
电力电缆与铁道路基间距	一般	3	1.0
	电气化铁道	10	1.0
电力电缆与行道树中心距离		0.7	—

* 用隔板分隔或电力电缆穿管时，间距可减小至一半。

3. 经济合理原则

确定电力电缆敷设路径，应力求做到经济合理，电力电缆线路长度应尽可能短一些，线路路径要避免绕道。应根据同一路径上近期和远景平行根数的密集程度、道路结构、建设投资资金来源等因素，进行综合技术经济比较，以确定电力电缆敷设方式，确定电力电缆排管、电力电缆隧道或电力电缆沟等土建设施的建设规模。

二、水底电力电缆敷设路径的确定

1. 一般技术要求

敷设于江、河、湖、海水底的电力电缆线路统称为水底电力电缆线路。根据水底电力电缆的特点，在选择电力电缆路径时应重点考虑电力电缆敷设后能长期安全运行，能对电力电缆实施可靠防护，使其免受机械损伤。同时，也应考虑经济合理性和便于敷设作业。

水底电力电缆路径选择的一般技术要求如下：

（1）水底电力电缆路径应远离码头、渡口、疏浚挖泥、规划筑港地带和水工建筑物、工厂排污口、取水口近旁。

（2）水底电力电缆路径应选择流速较缓、水深较浅、河床平坦（起伏角应不大于20°）、水底无岩礁或大型障碍物和岸边较稳定不易受潮流冲刷的水域。水底电力电缆路径的水域不应有拖网渔船和投锚设网捕鱼作业。

（3）水底电力电缆相互之间不得重叠和交叉，相邻电力电缆间距应符合下列要求：

1）航道内电力电缆相互间距不宜小于平均最大水深的2倍，引至岸边可适当缩小。

2）在流速小于1m/s且为非航道的小河中，同回路单芯电力电缆相互间距不应小于0.5m，不同回路电力电缆间距不应小于5m。

（4）水底电力电缆与通信电力电缆之间水平间距不宜小于50m；与工业管道之间水平距离也不宜小于50m，受条件限制时不宜小于15m。

（5）水底电力电缆穿越防汛堤处的标高，不应小于当地最大防汛水位的标高。

2. 特殊技术要求

在不同水域水底电力电缆路径选择的特殊要求如下：

（1）跨越内河的水底电力电缆路径，一般选择在河道比较狭窄的区段，河床应是泥沙构成，以使电力电缆敷设后被泥沙覆盖。此外，电力电缆路径应远离桥墩和码头，和岸上各种建筑物也应保持适当距离。

（2）跨越大江、大河的水底电力电缆路径，应选择在河床由泥、沙和砾石构成的稳定水域。要求选择河道较直，河床无明显冲刷，无航行船只抛锚和岸边凹入有淤积的区域。

（3）跨越海峡的水底电力电缆路径选择，应进行周密的海洋文化地质调查，避开没有泥沙覆盖的裸露岩石地段，选择海地平缓无礁石、滩头稳定的地段，应远离锚泊和渔业作业区。

第二节　敷设施工机械和工器具

一、挖掘机械和装卸运输机械

1. 挖掘机械

用于电力电缆敷设工程的挖掘机械有气镐和空气压缩机、内燃凿岩机、象鼻式挖掘机以及推土机等。气镐是以压缩空气为动力，用镐杆敲凿路面结构层的气动工具。气镐的基本工作原理是，由空气压缩机提供压缩空气，压缩空气经管状分配阀轮流进入缸体两端，在0.4～0.63MPa 的工作压力下压缩空气做功，使锤体进行往复运动，冲击镐尾部，把镐杆打入路面结构中，实施路面开挖。空气压缩机有螺杆式和活塞式两种，通常采用柴油发动机。螺杆式空气压缩机具有噪声较小的优点，较适宜城市道路的挖掘施工。

2. 装卸运输机械

装卸运输机械包括汽车、吊车和自卸汽车等，用于电力电缆盘、各种管材、保护盖板和电力电缆附件的装卸运输，以及电力电缆沟槽余土外运。

二、牵引机械

在电力电缆敷设施工中用于牵引电力电缆到安装位置的机械为牵引机械，用它替代人的体力劳动和确保敷设施工质量。常用牵引机械有卷扬机、输送机和电动滚轮等。

1. 卷扬机

卷扬机又称牵引车。按牵引动力不同，有电动卷扬机、燃油机动卷扬机和汽车卷扬机等。电力电缆敷设牵引应选用与电力电缆最大允许牵引力相当的卷扬机，不宜选用过大动力的牵引设备，以避免由于操作不当而拉坏电力电缆。一般水平牵引力为 30kN 的卷扬机已满足牵引各种常规电力电缆的需要。电力电缆敷设牵引常选用电动机功率为 7.5kW 的慢速电动卷扬机，牵引线速度为 7m/min。

2. 输送机

输送机又称履带牵引机，是以电动机驱动的中型电动机械。它用凹型橡胶带加紧电力电缆，用预压弹簧调节对电力电缆的压力（以不超过电力电缆允许侧压力为限），使之对电力电缆产生一定推力。按水平推力大小输送机有 5、6kN 和 8kN 等品种供选用。图 5-1 所示为 JSD-8 型电力电缆输送机，水平额定推力为 8kN，输送电力电缆直径为 60～180mm，电动机功率为 2×1.1kW。

在电力电缆敷设施工时，当同时使用卷扬机和一台或多台输送机时，必须采用联动控制装置，使卷扬机和输送机操作实行集中控制，牵引速度应协调一致、关停同步，否则将导致电力电缆损伤。

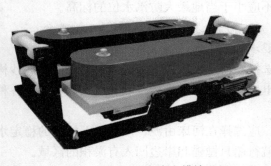

图 5-1　JSD-8 型电力电缆输送机

3. 电动滚轮

电动滚轮是一种小型牵引机械，其滚筒由电动机同步驱动，给予电力电缆向牵引方向的一定推力。一般电动滚轮的牵引推力有 0.5～1.0kN。

三、敷设专用工器具

1. 电力电缆盘支撑架、千斤顶和制动装置

电力电缆盘支承架的机械强度必须满足支撑整盘电力电缆的质量。在电力电缆盘转动时，支承架应有足够的稳定性。另外，支承架还要具有适用于多种电力电缆盘的通用性。电力电缆盘支承架一般用钢管或型钢制作，图 5-2 所示为一种轻便型电力电缆盘支架。

千斤顶有液压式和涡轮蜗杆式两种，用于顶升电力电缆盘和调整电力电缆盘离地面高度及盘轴的水平度。

为防止电力电缆盘转动时可能在盘轴上滑移，可安装轴套与固定夹具。电力电缆盘应安装有效制动装置，以适应敷设过程中临时停车和当电力电缆盘转速过快时调整盘上外圈电力电缆的松弛状态。图 5-2 是一种简易盘缘带式人工制动装置。

2. 防捻器

电力电缆在敷设牵引过程中，牵引钢丝绳在受张力后将产生退扭力，电力电缆铠装层和加强层在受力时也会产生一定扭转机械力。这两种扭

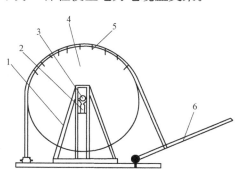

图 5-2　电力电缆盘支承架和制动装置
1—电力电缆盘支撑架；2—千斤顶；
3—盘轴；4—电力电缆盘；5—制动带；6—手柄

力如果全部作用在电力电缆上，可能对电力电缆造成机械损伤。积聚在钢丝绳上的扭转应力能使钢丝绳在停止牵引时弹跳，可能击伤施工人员。为此，必须使牵引过程中的扭转机械力及时得到释放。

防捻器是安装在电力电缆牵引端和牵引钢丝绳之间的连接器，可释放牵引过程中的扭力。其结构如图 5-3 所示。防捻器的两侧可以相对旋转并具有耐牵引的抗张强度，一侧旋转体与另一侧固定体以内、外螺纹套相连，其间有滚珠轴承。当防捻器受到扭转力矩时旋转体可以灵活地旋转，从而及时消除牵引钢丝绳和电力电缆的扭转机械力。

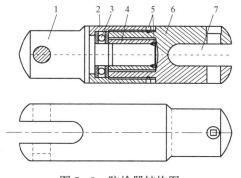

图 5-3　防捻器结构图
1—旋转体；2—外螺纹套；3—轴承；4—内螺纹套；
5—内六角定位螺栓；6—固定体；7—螺栓销

3. 牵引端和牵引网套

牵引端是安装在电力电缆端部用牵引电力电缆的一种金具，俗称拉线头。它将牵引钢丝绳上的拉力传递到电力电缆导体和金属套。牵引端能承受电力电缆敷设时的牵引力，同时又是电力电缆端部的密封套，具有和电力电缆封端相同的密封性能。

不同结构的电力电缆，其牵引端的设计和式样不相同。充油电力电缆的牵引端上应装油嘴，以便在电力电缆敷设完毕后接装临时油压力箱。高压电力电缆的牵引端通常由制造厂在电力电缆出厂前安装好，有的则需要在施工现场安装。如果牵引端的拉环可以转动，则牵引时不必加装防捻器。

图 5-4 所示是 35kV $3×400mm^2$ 交联聚乙烯电力电缆牵引端装配。

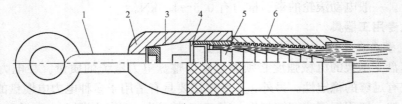

图5-4 35kV 3×400mm² 交联聚乙烯电力电缆牵引端装配

1—拉梗；2—拉梗套；3—圆螺母；4—内螺塞；5—塞芯；6—牵引套

当敷设牵引力较小或做辅助牵引时（主要靠输送机牵引），也可用牵引网套代替牵引端。用牵引网套时，牵引力作用在电力电缆护层上，总牵引力必须小于护层的允许牵引力。牵引网套可用细钢丝绳、尼龙绳或麻绳经编结而成，如图5-5所示。

图5-5 电力电缆牵引网套

4. 电力电缆滚轮

电力电缆滚轮是一种滚轴可以自由转动的机具。在敷设牵引时将电力电缆搁在滚轮上，可以避免电力电缆与地面摩擦，并有效控制电力电缆弯曲半径。正确应用电力电缆滚轮，能明显减少电力电缆牵引力和侧压力，并使电力电缆外护层得到保护。滚轮的滚轴与其支架之间，可采用耐磨轴套，也可采用滚动轴承。后者的摩擦力比前者小，但需要经常清洗维护。图5-6所示是适应三种不同敷设现场情况的电力电缆滚轮，其中L形滚轮俗称角尺滚轮，适用于电力电缆弯转处，以控制电力电缆弯曲半径和侧压力。在某些特殊敷设路段，如工井内、隧道转角处等，应以若干滚轮组合成适当的电力电缆滚轮组，以利于控制电力电缆弯曲半径和侧压力。

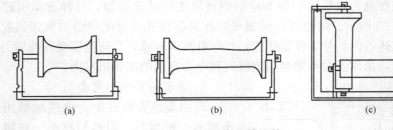

图5-6 电力电缆滚轮

（a）普通型；（b）加长型；（c）L形

5. 电力电缆盘转向器

在敷设施工现场，为使电力电缆盘转动方向，可使用如图5-7（a）所示的电力电缆盘转向器。转向器俗称"半圆"，一般用厚壁钢管加工改制而成。将它搁置于电力电缆盘一侧边沿，用人力推动电力电缆盘，可促使电力电缆盘转向。另一种用来使电力电缆盘转向的工具是撑棒，它是一根带有把手的钢管，如图5-7（b）所示。

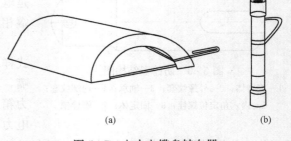

图5-7 电力电缆盘转向器

（a）球冠状转向器；（b）撑棒

6. 电力电缆外护套保护用具

为防止电力电缆外护套在管孔口、工井口等处由于牵引时受力被刮破擦伤，应装设外护套保护用具。保护用具有管口保护喇叭和电力电缆导向管，管口保护喇叭形状如图 5 - 8（a）所示，是由两个半片合成，用薄钢板制作。敷设电力电缆前临时安装在管孔口，牵引完成后拆除。电力电缆导向管是一根约 2m 长的大口径波纹塑料管，如图 5 - 8（b）所示。敷设电力电缆前将其用绳索固定在工井口，管上口涂抹润滑剂。电力电缆从导向管穿越，能使外护套得到有效保护。

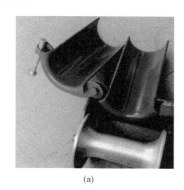

（a） （b）

图 5 - 8 电力电缆外护套保护用具

（a）管口保护喇叭；（b）电力电缆导向管

第三节 电力电缆敷设质量控制

一、电力电缆弯曲半径

无论采用什么敷设方式，在电力电缆路径上水平或垂直转向部位，电力电缆必然受到弯曲。电力电缆在其结构和材料上，允许以不小于一定半径范围的弯曲，电力电缆在其结构和材料上，允许以不小于一定半径范围的弯曲，对电力电缆性能不产生影响。但是，过小的弯曲半径将损伤电力电缆的绝缘层或护层。因此，在电力电缆敷设施工中，必须对电力电缆弯曲半径进行控制。电力电缆最小允许弯曲半径与电力电缆外径、电力电缆绝缘材料和护层结构有关。通常规定以电力电缆外径的倍数表示的最小允许弯曲半径，见表 5 - 2 所列。凡表中没有列入的应按制造厂规定进行。

表 5 - 2 电力电缆最小允许弯曲半径（D 为电力电缆外径）

电力电缆类型		多芯	单芯
交联聚乙烯绝缘电力电缆	≥66kV	15D	20D
	≤35kV	10D	12D
聚氯乙烯绝缘电力电缆		10D	

二、电力电缆敷设机械力控制

敷设电力电缆时作用在电力电缆上的机械力有牵引力、侧压力和扭力。为防止敷设过程中作用在电力电缆上的机械力超过允许值而造成电力电缆机械损伤，敷设施工前应按设计施工图对电力电缆敷设机械力进行计算。敷设施工中应采取必要措施确保各段电力电缆的敷设机械力在允许范围内。同时,通过敷设机械力计算,确定牵引机的容量和数量,并按最大允许机械力确定被牵引电力电缆的最大长度和最小弯曲半径。

1. 牵引力

牵引力是作用在电力电缆被牵引方向上的拉力。采用牵引端时,牵引力主要作用在电力电缆导体上,部分作用在金属护套和铠装上。沿垂直方向敷设电力电缆时(如竖井和水底电力电缆敷设),牵引力主要作用在铠装上。

(1)牵引力计算方法:电力电缆敷设时的牵引力,应根据敷设路径分段进行计算,总牵引力等于各段牵引力之和。按几种典型的敷设路径情况,可应用以下公式计算牵引力。

1)水平直线牵引 $T=\mu WL$;

2)水平转弯牵引 $T_2=T_1e^{\mu\theta}$;

3)斜坡直线牵引:

上行时 $T=WL(\mu\cos\theta+\sin\theta)$,下行时 $T=WL(\mu\cos\theta-\sin\theta)$;

4)竖井中直线牵引:上引法的牵引力为 $T=WL$。

上几式中:T 为牵引力,N;T_1、T_2 分别为转弯前、后的牵引力,N;μ 为摩擦系数;θ 为转弯或倾斜的角度,rad;W 为电力电缆单位长度的重力,N/m;L 为电力电缆长度,m。

如果没有推动电力电缆盘转动的机械装置,在计算起始电力电缆牵引力 T_0 时,可近似认为,转动电力电缆盘的力相当于该盘上 15m 电力电缆的重力,即 $T_0=15W$。

(2)摩擦系数:电力电缆在各种不同物体上牵引时的摩擦系数 μ,参考表 5-3。

表 5-3　　　　　　　　　牵引电力电缆时的摩擦系数

牵引时接触面情况		摩擦系数 μ
钢管		0.17~0.19
塑料管		0.4
混凝土管	无润滑剂	0.5~0.7
	有润滑剂	0.3~0.4
	管内有水	0.2~0.4
滚轮		0.1~0.2
砂		1.5~3.5

在水平转弯牵引计算公式 $T_2=T_1e^{\mu\theta}$ 中,当敷设时使用滚轮,如果取 $\mu=0.2$,在转弯角度 $\theta=\dfrac{\pi}{2}$ 时,$T_2=T_1e^{\mu\theta}=1.369T_1\approx1.37T_1$,即在上述条件下经过一次转弯,电力电缆牵引力增加了 37%。

(3)电力电缆最大允许牵引力:电力电缆某受力部位的最大允许牵引力等于该部位材料的最大允许牵引应力和受力面积的乘积,即

$$T_{\max}=\sigma_{\max}A$$

式中:$T_{\max}$ 为最大允许牵引力,N;$\sigma_{\max}$ 为材料最大允许牵引应力,N/mm²;$\sigma_{\max}$ 通常取材料抗张强度的 1/4 左右,其取值见表 5-4;A 为电力电缆材料受力面积,mm²。

表 5 - 4	电力电缆材料的最大允许牵引应力	
受力材料	最大应力值（N/mm²）	适用牵引方式
铜导体	70	牵引头
铅导体	40	牵引头
PVC 护套	7	网套
有加强层铅套	10	网套
波纹铝护套	20	网套

自容式充油电力电缆的最大允许牵引力，同时要受使油道不发生永久变形的限制，一般规定为 27kN。导体截面积 400mm² 及以上的铜芯电力电缆必须按照此规定，不能按导体最大允许牵引应力计算。

2. 侧压力

垂直作用在电力电缆表面方向上的压力称为侧压力。侧压力主要发生在牵引电力电缆时的弯曲部位，例如电力电缆在转角滚轮或圆弧形滑板上以及海底电力电缆的入水槽处，当敷设牵引时电力电缆上要受到侧压力。盘装电力电缆横置平放，或用筒装、圈装的电力电缆，下层电力电缆要受到上层电力电缆的压力，也是侧压力。

（1）侧压力的计算方法，应考虑以下两种情况：

1）在转弯处经圆弧形滑板电力电缆滑动时的侧压力，与牵引力成正比，与弯曲半径成反比，计算公式为

$$P = \frac{T}{R} \tag{5-1}$$

式中：P 为侧压力，N/m；T 为牵引力，N；R 为圆弧形滑板弯曲半径，m。

多条电力电缆同时穿管敷设时，其弯曲部分的侧压力应计入"电力电缆质量增加系数"。

2）转弯处设置滚轮时，电力电缆在滚轮上受到的侧压力，与各滚轮之间的平均夹角或滚轮间距有关，如图 5 - 9 所示。

每只滚轮对电力电缆的侧压力计算公式为

$$P \approx 2T\sin\frac{\theta}{2} \tag{5-2}$$

其中

$$\sin\frac{\theta}{2} \approx \frac{0.5s}{R}$$

则

$$P \approx \frac{Ts}{R} \tag{5-3}$$

式中：P 为侧压力，N；T 为牵引力，N；R 为转角滚轮所设置的圆弧半径，m；θ 为滚轮间平均夹角，rad；s 为滚轮间距，m。

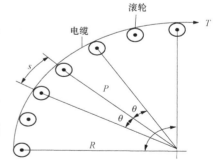

图 5 - 9　电力电缆在滚轮上的侧压力

当电力电缆呈 90°转弯时，如均匀设置 n 只滚轮，滚轮间距 s 可用近似公式计算，即

$$s = \frac{\pi R}{2(n-1)} \tag{5-4}$$

代入式（5-3），每只滚轮上的侧压力计算公式可简化为

$$P = \frac{\pi T}{2(n-1)} \qquad\qquad (5-5)$$

计算出每只滚轮上的侧压力后可得出转弯处需设置滚轮只数。

（2）电力电缆的允许侧压力。电力电缆的允许侧压力包括滑动允许值和滚动允许值，可根据电力电缆制造厂提供的技术条件或按下述规定：

1）在圆弧形滑板上，具有塑料外护套的电力电缆不论其金属护套种类，滑动允许侧压力为 3kN/m。

2）在敷设路径弯曲部分有滚轮时，电力电缆在每只滚轮上所受的侧压力（滚动允许值）规定对无金属护套的挤包绝缘电力电缆为 1kN，对波纹铝护套电力电缆为 2kN，对铅护套电力电缆为 0.5kN。

3. 扭力

（1）产生扭力的原因。扭力是作用在电力电缆上的旋转机械力，在电力电缆敷设过程中产生扭力的原因有：

1）由于牵引钢丝绳和电力电缆铠装及加强层在受力时有退扭作用而产生扭力，扭力可通过加装防捻器消除。

2）海底电力电缆在制造和敷设过程中，电力电缆由直线状态转变为圈形状态，或者由圈形状态转变为直线状态，都会对电力电缆的铠装钢丝产生旋转机械力（即扭力）。

（2）扭转力和退扭力。作用在电力电缆上的扭力有扭转力和退扭力两种。扭转力是电力电缆从直线状态转变为圈形状态时产生的旋转力；退扭力是电力电缆从圈形状态转变为直线状态，或者电力电缆被牵引时由于钢丝绳及电力电缆铠装层、加强层受力的退扭作用而产生的旋转机械力。

（3）电力电缆扭力的控制。除采用防捻器消除电力电缆扭力外，在海底电力电缆制造与敷设中采用控制扭转角和规定退扭架高度的办法，使电力电缆所承受的扭力在允许范围内。在海底电力电缆圈装时的允许扭力以圈形周长单位长度的扭转角不大于 25°/m 为限度。敷设海底电力电缆时，为抵消退扭力影响而设置退扭架高度，应由制造厂确定，一般小于 0.7 倍外圈直径。

三、敷设充油电力电缆的特殊要求

1. 控制油压力

敷设充油电力电缆一般应使电力电缆盘上保压压力箱具有 0.1～0.15MPa 的油压力。电力电缆在敷设过程中，必须始终处于"保压状态"，应有专人监视压力箱的压力变化。

敷设路径上有较大高程差时，应注意由于高程差形成的静油压对电力电缆压力带来的变化。要特别注意最高、最低端的油压情况，即高端不能低于最小油压，低端不能高于最大油压。

水底充油电力电缆敷设时必须考虑油压和水压的平衡问题，要是电力电缆内部油压始终高于外部水压，并注意由于水和油的密度不同，两者存在静压力差。敷设前应调整电力电缆油压，确保敷设后最深处油压大于水压 0.02MPa。

2. 敷设时的牵引力与侧压力控制

敷设充油电力电缆应使用牵引端，将牵引力作用在导体和护套上较长的充油电力电缆敷设，不得以钢丝网套代替牵引端。在敷设过程中，应密切注意转弯处的侧压力，要防止电力电缆在过大的侧压力作用下，其油道被压扁。要求在转弯处电力电缆内部油压维持在0.15MPa左右。

敷设充油电力电缆宜采用履带输送机，以控制电力电缆牵引力和侧压力。如需将充油电力电缆局部矫直或弯成一定弧度，应使用矫直机，不能用铁棒硬性撬击电力电缆，以避免电力电缆在某一点因受力过大而被压扁。

3. 锯断电力电缆的措施

在敷设过程中或敷设完毕，当需锯断电力电缆时，必须先在牵引端接上临时压力箱，将拟锯断部位电力电缆抬高约0.5m，在关闭两端压力箱的情况下锯断电力电缆，在锯断后立即开启压力箱冲洗端部，然后制作封帽。

4. 防止外护套受损

在敷设充油电力电缆过程中应避免损伤外护套。如果发现外护套破损，须修补。

四、低温时敷设电力电缆的技术要求

1. 敷设环境温度规定

电力电缆绝缘和塑料护层在低温时物理性能会发生明显变化。交联聚乙烯绝缘和聚乙烯、聚氯乙烯护套脆性和硬度增加。因此，如果在低温情况下敷设电力电缆容易造成绝缘和护层的损伤。GB 50168—2008《电气装置安装工程　电缆线路施工及验收标准》规定，在电力电缆敷设前24h内平均温度和敷设现场气温应不低于0℃。

对于交联聚乙烯电力电缆的敷设温度最好高于5℃。充油电力电缆耐低温性能好一些，但环境温度也不能低于－10℃。在冬季及环境温度很低时不宜进行电力电缆敷设施工。如果必须在低温条件下敷设，应对电力电缆采取加温预热措施。

2. 加温预热措施

电力电缆加温预热的方法有：

（1）将整盘电力电缆置于有供暖设备的暖棚中或室内，提高周围空气温度达25℃左右，维持24h。

（2）将电力电缆通电流加热，电流数值应不超过电力电缆允许载流量。电力电缆导体通电后，使电力电缆内部温度均匀升高。经过预热，应使电力电缆表面温度升高＋5℃以上。经过热处理的电力电缆，应尽快敷设完毕。

五、电力电缆敷设起点与终点的选择

电力电缆敷设起点与终点的选择是敷设施工的一个重要环节，按以下原则综合考虑确定。

（1）按牵引力和侧压力较小的原则。根据电力电缆路径图，按线路两端分别作为起点的两个方案，分别计算电力电缆牵引力和侧压力。其中牵引力和侧压力符合允许值规定或数值较小的方案确定敷设起点与终点。

（2）按施工场地选择。按施工场地条件，一般选择场地较为平坦、宽敞、运输装卸较方便的一端作为起点。

（3）按敷设路径选择。从较高一端向较低一端敷设，以减小牵引力。另外，应将路径较为复杂的一端设为敷设终点。

六、热机械力问题和电力电缆固定

1. 热机械力问题

电力电缆在运行状态下因负载变动和环境温差造成导体温度变化，引起导体热胀冷缩而

产生的一种电力电缆内部的机械力称为热机械力。在电力电缆安装工程中，必须预先对它有适当防范措施。热机械力与电力电缆材料的膨胀系数、导体截面积和温升有关。负载变动较大的大截面电力电缆，其热机械力可能达到相当大的数值。据实验测试，导体截面积为 $2000mm^2$ 的电力电缆最大热机械力可达到 100kN 左右。

热机械力使电力电缆导体形成一种推力，此推力被各种摩擦阻力所阻止。在电力电缆末端，热机械力可以使导体与绝缘层之间产生一定位移（一般在 3mm 以内）。一般在距端部45m 以内的电力电缆易学机械力影响，中间段的电力电缆导体由于摩擦阻力的约束不发生位移。

在电力电缆和附件设计以及在电力电缆安装中，为了平衡热机械力，通常采取以下措施：

（1）导体与出线梗之间的连接，应允许导体有 3mm 的位移，终端瓷套管应具有承受热机械力的抗张强度。

（2）电力电缆接头的导体连接应有足够的抗张强度和刚度。大截面电力电缆接头应避免安装在靠近电力电缆线路的转弯处。

（3）大截面电力电缆采用分裂导体结构，有利于减小导体的热机械力。

（4）在竖井或隧道中敷设高压大截面电力电缆，应采用蛇形敷设和挠性固定方式。

2. 电力电缆固定的作用和固定方式

垂直敷设或超过 30°倾斜敷设的电力电缆、水平敷设转弯处或易于滑脱的电力电缆以及靠近终端或接头附近的电力电缆，都必须采用特制的夹具将电力电缆固定在支架上，其作用在于将电力电缆的重力和因热胀冷缩产生的热机械力分散到各个夹具上或得到释放，使电力电缆绝缘、护层、终端或接头的密封部位免受机械损伤。电力电缆固定方式有以下两种：

（1）电力电缆挠性固定。允许电力电缆在受到热胀冷缩影响时可沿固定处轴向产生一定角度变化或稍有横向位移的固定方式称为挠性固定。采取挠性固定时，电力电缆呈蛇形状敷设，即将电力电缆沿平面或垂直部位敷设成近似正弦波的连续波浪形，在波浪形两头电力电缆用夹具固定，而在波峰（谷）处电力电缆不装夹具或装设可移动式夹具，以使电力电缆可以自由平移，如图 5-10 所示。

图 5-10　电力电缆挠性固定

蛇形敷设中电力电缆位移量的控制要以电力电缆金属护套不产生过分应变为原则，并据此确定波形的节距和宽度。蛇形敷设的波形节距为 6m，波形宽度为电力电缆外径的 1~1.5 倍。由于波浪形的连续分布，电力电缆的热膨胀均匀地被每个波形宽度所吸收而不会集中在线路的某一局部。长跨距桥梁的伸缩间隙处设置电力电缆伸缩弧，或者采用能垂直和水平方向转动的万向铰链架，这些场合的电力电缆的固定均为挠性固定。

（2）电力电缆刚性固定。采用间距密集布置的夹具将电力电缆固定，两个相邻夹具之间的电力电缆在重力和热胀冷缩作用下被约束而不能产生位移的固定方式称为刚性固定，适用于截面不大的电力电缆。当电力电缆导体受热膨胀时，热机械力转变为内部压缩应力，可防止电力电缆由于严重局部应力而产生纵向弯曲。在电力电缆线路转弯处，相邻夹具的间距应较小，约为直线部分的 1/2。

3. 电力电缆固定夹具

电力电缆夹具一般采用两半组合结构。用于单芯电力电缆的夹具，不得以铁磁材料构成闭合磁路。推荐采用铝合金、硬质木料或塑料为材质的夹具。铁制夹具及零部件应采用镀锌制品。在电力电缆隧道、电力电缆沟的转弯处、在电力电缆桥架的两端采用挠性固定方式时，应选用移动式电力电缆夹具。固定夹具应由有经验的人员安装。宜采用力矩扳手紧固螺栓，松紧程度应基本一致，夹具两边的螺栓要交替紧固，不能过紧或过松。

在电力电缆和夹具之间，要加上衬垫。衬垫材料有橡皮、塑料、铅板和木质垫圈，也可用电力电缆上剥下的塑料护套为衬垫。衬垫在电力电缆和夹具之间形成缓冲层，使得夹具既夹紧电力电缆，又不易夹伤电力电缆。裸金属护套或裸铠装电力电缆，以绝缘材料作衬垫，使电力电缆护层对地绝缘，以免受杂散电流或通过护层入地的短路电流的伤害。过桥电力电缆在夹具间加弹性衬垫，有防振作用。

常用电力电缆固定夹具如图 5-11 所示。

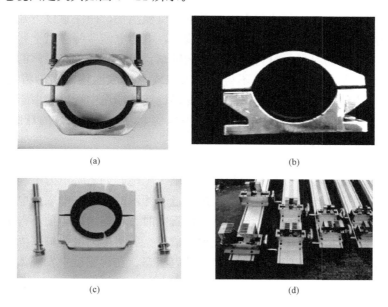

(a)　　　　　　　　　　　(b)

(c)　　　　　　　　　　　(d)

图 5-11　常用电力电缆固定夹具

（a）钢、铝电力电缆夹具；（b）铝合金电力电缆夹具；（c）玻璃钢电力电缆夹具；（d）移动式电力电缆夹具

第四节　电力电缆敷设施工主要准备工作

一、工程前期准备

电力电缆敷设是涉及面比较广泛的工程，开工前必须做好以下各项前期准备工作。

1. 确认电力电缆线路路径

电力电缆敷设施工设计图所选择的电力电缆线路路径，经城市规划管理部门确认。敷设施工前申办《电力电缆线路管线执照》《掘路执照》和《道路施工许可证》。如采用直埋敷设，应开挖足够的样洞，查明电力电缆线路路径上邻近地下管线情况。如有邻近地下管线、建筑物或树木必须迁让，应与有关单位协商配合与赔偿事宜，并签署书面协议。

2. 相关土建设施应具备敷设施工条件

根据设计施工图，检查本工程范围所有土建设施均已竣工并经过验收，具备敷设电力电缆施工条件。检查电力电缆沟和隧道内转弯处弯曲半径应不小于电力电缆最小允许弯曲半径。电力电缆通道应畅通，无积水和杂物。隧道内照明、排水和通风设施应符合要求。对设计图指定的排管和过路管孔应进行疏通检查，所用管孔应双向畅通。各种土建设施中的附属设备和支承电力电缆与附件的支架均应符合设计要求。

另外，还需要做好工程主要材料、专用工机具设备和运输机械的准备。

3. 编制工程施工大纲

电力电缆敷设工程施工大纲包括施工组织设计、施工规划和敷设施工作业指导书，详细内容见第七章第二节。

二、电力电缆运输和保管

1. 电力电缆运输

装卸运输的全过程中，必须确保电力电缆不受机械损伤，应注意以下几点：

（1）除大长度海底电力电缆采用筒装或圈装外，电力电缆应绕在盘上运输。长距离运输的电力电缆盘应有牢固的封板。电力电缆盘在运输车、船上必须采取可靠的固定措施，应防止其移位、滚动、倾翻或相互碰撞。不得将电力电缆盘平放运输，因为将电力电缆盘平放时，底层电力电缆可能受到过大的侧向压力而变形，在运输途中，可能由于振动使电力电缆缠绕松开。长度在30m以下的短段电力电缆，可以使电力电缆以允许的弯曲半径绕成圈子，并至少要在4处捆紧后搬运。

（2）装卸电力电缆盘应使用吊车，装卸时电力电缆盘孔中应有盘轴，起吊钢丝绳套在轴的两端，不应将钢丝绳直接穿在盘孔中起吊。在施工工地，如需将电力电缆盘在短距离内滚动，为避免在滚动时盘上电力电缆松散，应按照盘上标示的方向，即顺着电力电缆绕紧的方向滚动。充油电力电缆当盘上油压降至零或出现真空时，在尚未处理前不得滚动。

（3）充油电力电缆运输途中，应有专人随车监护。要将电力电缆端头固定好，应检查油管路和压力表，保压压力箱阀门必须始终处于开启状态，在运输途中发现渗漏油等异常情况应及时处理。

2. 电力电缆保管

电力电缆应做好以下保管措施：

（1）电力电缆是一种价格比较昂贵的物资，必须妥善存储和保管。在工地临时仓库，电力电缆盘应存放在地基坚实、不积水的场地；在室外，电力电缆盘应设遮棚。在存放电力电缆盘的场地，应配备灭火器、黄沙桶等消防设备。

（2）充油电力电缆保压压力箱阀门必须在开启状态，保管人员定期检查油压变化。

（3）电力电缆盘不得平卧放置。

（4）电力电缆盘上标识应清晰可见。应标明电力电缆盘号、制造厂名、型号规格、长度、毛重以及电力电缆盘正确转动方向的箭头标示。

三、电力电缆敷设前质量检验

1. 查阅制造厂出厂试验报告和质量保证书

各盘电力电缆在制造厂均应通过局部放电、交流耐压、介质损耗测试、外护套耐压、绝缘电阻和导体直流电阻测试等例行试验，试验数据应全部合格。质量保证书上的电力电缆盘号和电力电缆规格等，应与电力电缆盘标识完全一致。

2. 电力电缆盘外观检查

电力电缆盘和电力电缆外护层无明显机械损伤，电力电缆内外两个封端无破损，固定正常。充油电力电缆盘上保压压力箱阀门在开启状态，油压不低于 0.1MPa，无渗漏油现象。

3. 绝缘校潮

安装前如发现交联聚乙烯电力电缆导体中浸入了水分，应采用干燥气体驱赶法将水分排去。

4. 充油电力电缆油样试验

在高压充油电力电缆盘外封端处采取油样，进行油的工频击穿强度试验和介质损耗试验。电力电缆油样在 $20\pm10℃$ 时，工频击穿强度应不小于 $50kV/2.5mm$；在油温为 $100\pm1℃$ 时，电场强度为 $1kV/mm$，测试 $\tan\delta$ 应不大于 0.003。

5. 遥测电力电缆外护套绝缘

对 110kV 及以上单芯电力电缆，应用 1000V 绝缘电阻表测试电力电缆外护套绝缘，绝缘电阻应不小于 $50M\Omega$。

第五节　电力电缆敷设方式和施工方法

电力电缆敷设方式有直埋敷设、排管敷设、电缆沟敷设、桥梁敷设、竖井敷设、隧道敷设和水底敷设等，除直埋敷设和水底敷设外均需建造土建设施。

电力电缆线路土建设施种类和特点见表 5 - 5。

表 5 - 5　　　　　　　　　　　　　　电力电缆线路土建设施

设施种类	适用场所	结构特点	容纳电力电缆数（条）
排管	道路慢车道	钢筋混凝土加衬管，建工井	8～16
电力电缆沟	工厂区、变电站内、人行道	钢筋混凝土或砖砌，内有支架	≥8
桥梁	工厂区、跨越河道	钢筋混凝土，钢结构	≥8
竖井	水电站、隧道出口、高层建筑	钢筋混凝土，在大型建筑物内	≥8
隧道	变电站出口、重要道路、穿越河道	钢筋混凝土或钢管	≥16

一、直埋敷设

1. 直埋敷设特点

将电力电缆直接埋设在土壤中的敷设方式称为直埋敷设。它适用于电力电缆线路不太密集和交通不太繁忙的城市地下走廊，如市区人行道、公共绿地、建筑物边缘地带等。

直埋敷设的优点是不需要大量的前期土建工程，施工周期较短，是一种比较经济的敷设方式。电力电缆埋设在土壤中，一般散热条件比较好，线路输送容量较大。

直接敷设的缺点是较容易遭受外力损伤和周围土壤的化学或电化学腐蚀，以及白蚁和老鼠的危害。电力电缆故障修理和更换电力电缆需要重新开挖路面。

2. 直埋敷设施工

电力电缆直埋敷设施工除应符合的基本技术要求如下：

（1）电力电缆直埋敷设工程必须做好充分的前期准备，根据本工程设计书和施工图，沿电力电缆路径开挖样洞，查清沿线地下管线和土质情况，按电力电缆电压等级、品种结构和分盘长度等，制定详细的分段施工敷设方案。

（2）电力电缆埋设深度为电力电缆表面距地面不应小于 0.7m；穿越农田不应小于 1m。在特殊地段浅埋时应有适当保护措施。在北方寒冷地区电力电缆应埋设在冻土层以下，当冻土层太厚，挖沟和埋设电力电缆有困难时，可采取沟底砌槽填砂等保护措施。

（3）电力电缆沟底平整，并铺以 5～10cm 细土或砂，电力电缆敷设后覆盖 15cm 厚细土或砂，盖上保护盖板。也可把电力电缆放入预制钢筋混凝土槽盒内填满细土或砂，然后盖上槽盒盖。

（4）为防止电力电缆遭受外力损坏，可在电力电缆保护盖板上铺设印有"电力电缆"和管理单位名称的塑料标识带，或沿电力电缆路径设置电力电缆标识。

（5）直埋敷设电力电缆穿越城市道路、建筑物或铁路路轨，必须采取穿管保护措施。在电力电缆路径的土壤中，如发现有化学腐蚀、电解腐蚀、白蚁或老鼠危害，应采取适当保护措施或选用相应的特种外护套电力电缆。

（6）在安装电力电缆接头处，电力电缆土沟加宽加深，这一段土沟称为接头坑。电力电缆接头坑的位置应选择在电力电缆线路直线部分，与导管口的距离应在 3m 以上。接头坑应避免设置在道路交叉口、有车辆进出的建筑物门口、电力电缆线路转弯处及地下管线密集处。接头坑的大小要能满足接头的操作需要。一般接头坑宽度为电力电缆土沟宽的 2～3 倍，接头坑深度要使接头保护盒与电力电缆有相同埋设深度。接头坑的长度需满足全部接头安装和接头外壳临时套在电力电缆上的一段直线距离。

（7）土壤热阻系数比较高的地区，当电力电缆运行中发热视周围土壤温度可能高于 50℃时，土壤中水分会向低温处扩散，从而导致土壤热阻系数进一步增高，甚至引起电力电缆过热造成故障。为了防止发生这种"水分迁移"现象，充分发挥电力电缆的输送容量，可采取"更换回填土"的措施，即在电力电缆周围回填热阻系数较低而且比较稳定的材料，如细土、细砂或混拌水泥砂（砂和水泥体积比为 14∶1）等。回填材料应经过筛处理，要具有适当的宽度和厚度，回填后应夯实。

二、排管敷设

1. 排管敷设特点

将电力电缆敷设于预先建好的地下排管中的安装方法，称为电力电缆排管敷设。排管敷设适用交通比较繁忙、地下走廊拥挤、并列敷设电力电缆根数比较多的地段。敷设排管中的电力电缆应有塑料外护套，在穿越管道敷设后，塑料外护套应无明显损伤。

排管及工井的位置一般设在城市道路的非机动车道，也有设在人行道或机动车道的。排管与工井建设好之后，除敷设近期的电力电缆线路外，还可用于后期相同路径电力电缆线路安装、维修或更新电力电缆。电力电缆排管敷设的缺点是，土建工程投资较大，工期较长；且当管道中电力电缆或工井内接头发生故障，往往需更换两座工井之间的整段电力电缆，修理费用较大。

2. 电力电缆排管和工井的结构和建造

（1）排管结构形式。电力电缆排管是按规划电力电缆根数开挖沟槽一次建成多孔管道的地下构筑物。排管顶部土壤覆盖深度一般不小于 0.5m。排管的结构形式有以下三种：

1）混凝土加固式排管，由混凝土基础、衬管和外包钢筋混凝土组成。这种形式排管适用于地基不太稳定或有较大土层压力和地面动负载的地段。图 5-12 所示是 3×5 孔混凝土加固式电力电缆排管结构。

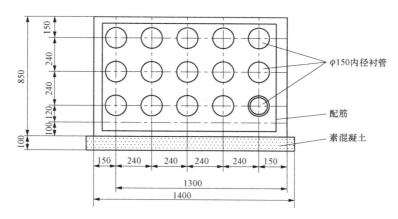

图 5-12　3×5 孔混凝土加固式电力电缆排管结构

2）直埋式排管，将能承受土层压力和地面动负载的增强型塑料管或金属管，按设计组合成排管，管道之间用细土填充夯实。直埋式排管适用于地基稳定的地段。根据地面承载和土质条件，直埋式排管可有适当基础结构，或在管子壤接处用混凝土局部加固。

3）预制式排管，由钢筋混凝土基板和用金属插件连接的预制混凝土砌块（预制砌块）经现场组装而成。预制式排管适用于地基比较稳定的地段。图 5-13 所示是预制式排管结构。

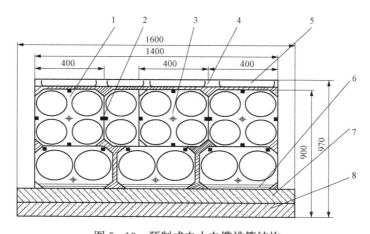

图 5-13　预制式电力电缆排管结构

1—预制砌块；2—插销；3—螺栓；4—素混凝土；5—钢筋混凝土盖板；6—砂浆填充；

7—钢筋混凝土基板；8—素混凝土基础

钢筋混凝土基板和预制砌块均在工厂生产，生产效率较高，质量容易控制，施工现场只需在钢筋混凝土基板和预制砌块铺设后，在其镶接处用混凝土加固即可，现场施工工期比较短。

（2）排管的孔数和管径。电力电缆排管的孔数除满足规划敷设的电力电缆根数外，还有适当备用孔供新增电力电缆用。一组排管以敷设6～16条电力电缆为宜。孔数选择方案有2×10、3×4、3×5、4×4、3×6孔和3×7孔等。1孔敷设1根电力电缆的管径，一般要求$D \geqslant 1.5d$（D为排管管径，mm；d为电力电缆外径，mm），或满足$D \geqslant d+30$mm。当1孔敷设同一回路3根35kV单芯电力电缆时，管径必须满足$2.85d \geqslant D \geqslant 2.16d+30$mm（$2.16d$为3根单芯电力电缆包络径，mm），并且$D$不能在$2.85d \sim 3.15d$范围内。电力电缆排管的最小管径一般为150mm。敷设截面较大的电力电缆，可选用175mm或200mm管径的管子。

（3）排管材质。电力电缆排管材质应具有下列特性：物理化学性能稳定，有一定机械强度，对电力电缆外护套无腐蚀，内壁光滑无毛刺，遇电弧不延燃。供单芯电力电缆用的管材必须是非磁性材料。常用排管材质除预制式为混凝土外，还有纤维水泥、增强塑料和聚氯乙烯等。

（4）工井结构。工井是工作井的简称，又叫人井，是供牵引电力电缆和安装接头的地下构筑物。电力电缆工井按用途不同可分为敷设工作井、普通接头井、绝缘接头井和塞止接头井。其平面形状有矩形、T形、L形和十字形等。工井应有两个直径不小于700mm的人孔，作为出入口。工井两侧应有供安装立柱支架的预埋铁件，在顶板、底板以及靠近排管口处埋设吊装电力电缆用的吊环和供牵引电力电缆用的拉环。在底板上有集水坑。工井的内净尺寸取决于它的用途。在设计时确定工井的长度，应当同时考虑电力电缆在工井内立面弯曲和平面弯曲所必需的尺寸。图5-14所示为电力电缆工井的立面和平面简图。一般应根据排管中心线和接头中心线之间的标高差和平面间距、电力电缆外径和最小弯曲半径（倍数），计算电力电缆弯曲部分的投影长度（L_1）。

此外，在计算工井长度时，应加上电力电缆接头长度（L_2）和电力电缆在排管口及接头两端应有的直线长度（L_3）。对于特殊工井（如塞止接头井），还要考虑安装照明、自动排水及报警信号等装置所必需的空间。电力电缆弯曲部分投影长度L_1为

$$L_1 = 2\sqrt{(nd)^2 - (nd - H/2)^2}$$
(5-6)

则工井长度　$L = 2L_1 + L_2 + 4L_3$

上两式中：L为工井长度，mm；L_1为工井中电力电缆弯曲部分的投影长度，mm；L_2为接头长度，mm；L_3为电力电缆在排管口和接头两端应有的直线长度，一般$L_3 = 300$mm；d为

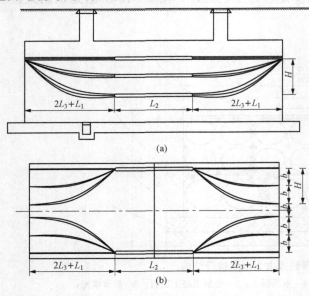

图5-14　电力电缆工井的立面和平面简图
（a）立面图；（b）平面图

电力电缆外径，mm；n 为电力电缆最小弯曲半径，按电力电缆外径 d 的倍数取值；H 为接头中心与排管中心的标高差或平面间距，mm。

按式（5-6）分别计算立面弯曲和平面弯曲所需长度 L_1，在两个弯曲长度中取较大者。一般工井高度为 1.9～2.0m，宽度为 2.0～2.5m。供安装普通接头或绝缘接头的工井长度为 7.5～12m，供安装塞止接头的工井长度为 15m。

（5）建造排管和工井的技术要求：

1）应先建工井再建排管，以有利于接口处理。两只工井之间的排管长度，以不大于 130m 为宜。电力电缆排管和工井是地下土建工程，应根据工程作业指导书的要求，按顺序进行土方开挖、浇注混凝土垫层、立模板、扎钢筋和浇捣混凝土等作业。并在施工过程中，按各道工序验收规范进行检查验收。

2）每座工井应设接地极和接地网，接地电阻应不大于 4Ω 在土壤电阻率较大的地区，允许不大于 10Ω。一般在工井外对角处或 4 只边角处，埋设 2～4 根 ϕ50mm×2m 钢管为接地极，深度应大于 3.5m。在工井内壁用 40×5mm² 扁钢组成接地网。接地极、预埋铁件、金属支架与接地网均用电焊连接。

3）为控制排管中各管材的相互间距，除预制式排管外，应采用如图 5-15 所示的管枕。

每根管材下的管枕应有 3 块，管枕不应放在管材的接头上，上、下两层管材的管枕应错开放置。排管应保持平直，如需避让障碍物，可将排管做成半径大于 12m 的圆弧形，或控制两节管子镶接处的折角应不大于 2°30′。相邻管道只能向一个方向转弯，不能呈 S 形转弯。

图 5-15　管枕

4）排管中的钢筋选用及绑扎应按照设计施工图规定，受拉钢筋绑扎接头长度不小于 300mm。不得使单孔排管构成铁磁回路。钢筋混凝土保护层厚度应不小于 35mm。

5）要处理好排管和工井的接口。在工井墙身预留与排管相吻合的方孔，在方孔的上、下口应预留与排管相同规格钢筋为"插铁"，其长度应大于 25d（d 为钢筋直径），排管钢筋与工井预留"插铁"绑扎。在浇捣排管外包混凝土前，应将工井留孔处混凝土接触面凿毛，并用水泥浆冲洗。

6）排管疏通检查。排管建好后，应对每孔管道进行疏通检查，消除管道内可能漏浆形成的水泥结块或其他残留物，并检查管道镶接处是否平滑。可应用如图 5-16 所示的疏通器进行疏通检查。

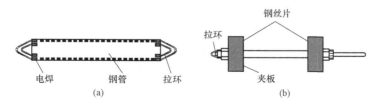

电焊　　钢管　　拉环　　　　　　　　　　　钢丝片　拉环　　夹板

（a）　　　　　　　　　　　　　　　　　（b）

图 5-16　排管疏通器和钢丝刷

（a）疏通器；（b）钢丝刷

疏通器规格见表 5 - 6。

表 5 - 6　　　　　　　　　　　　疏通器规格表　　　　　　　　　　　　单位：mm

排管内经	疏通器外径	疏通器长度
150	127	600
175	159	700
200	180	800

在疏通检查过程中，如发现排管内有可能损伤电力电缆护套的异物，必须清除。清除方法是用疏通器来回牵拉或用图 5 - 16（b）所示的钢丝刷清除，也可用铁链清除。必要时应用管道内窥镜探测检查，如图 5 - 17 所示。排管每一管道都应双向畅通。

图 5 - 17　用管道内窥镜检查
排管质量

3. 电力电缆排管敷设施工

（1）电力电缆排管敷设的牵引方法如图 5 - 18 所示。在工井口应用波纹聚乙烯作为电力电缆导向管，在排管口应用管口保护喇叭以保护电力电缆。如果电力电缆盘搁置位置离开工井口有一段距离，则需在工井外和工井内安装滚轮支架组，以确保电力电缆敷设牵引时的弯曲半径，减小牵引时的摩擦阻力。

（2）电力电缆引入排管，应在外护套上均匀涂抹中性润滑剂。敷设较长电力电缆，可在引入电力电缆的工井内和线路中间的工井内设置输送机，并采用与卷扬机同步联动控制。

（3）敷设前后应用 1000V 绝缘电阻表测试电力电缆外护套绝缘电阻，并做好记录，以监视电力电缆外护套在敷设过程中有无受损。

（4）在工井内的接头和单芯电力电缆，必须用非磁性材料或经隔磁处理的夹具固定。每只夹具应加塑料或橡胶衬垫。

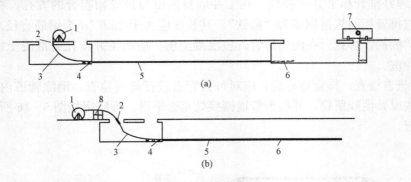

图 5 - 18　排管敷设牵引方法
(a) 电力电缆引入人工井方法之一；(b) 电力电缆引入人工井方法之二
1—电力电缆盘；2—电力电缆导向管；3—电力电缆；4—管口保护喇叭；5—管道；6—钢丝绳；
7—卷扬机；8—滚轮支承架

从排管口到接头支架之间的一段电力电缆，应借助夹具弯成两个相切的圆弧形状，即形成"伸缩弧"，以吸收排管电力电缆因温度变化所引起的热胀冷缩，从而保护电力电缆和接头免受热机械力的影响。"伸缩弧"的弯曲半径应不小于电力电缆允许弯曲半径。

（5）排管口要有不锈钢封堵件封堵。所有备用孔也应封堵。

（6）工井内电力电缆应用包绕防火带。

三、电力电缆沟敷设

1. 电力电缆沟的结构和建造

电力电缆沟采用钢筋混凝土或砖砌结构，用预制钢筋混凝土或钢制盖板覆盖，盖板顶面与地面相平。电力电缆沟盖板必须满足道路承载要求，钢筋混凝土盖板应有槽钢包边，电力电缆沟的齿口应有角钢保护。盖板长度应与齿口相吻合，不宜有过大间隙。图 5-19 所示是具有双侧支架的电力电缆沟断面图。

电力电缆沟的内净尺寸应根据规划敷设电力电缆总计根数和电力电缆外径决定。一般沟深不宜大于 1.5m。沟深小于 0.6m 的电力电缆沟也可以将电力电缆直接敷设在沟底，而不设支架与通道。电力电缆沟底应设不小于 0.3% 的排水坡度，并在标高最低处设集水坑。

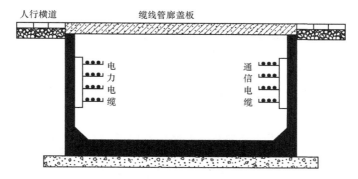

图 5-19　电力电缆沟断面

电力电缆沟内支架设置应符合表 5-7 的要求。

表 5-7　　　　　　　　　　　　电力电缆沟内最小允许距离　　　　　　　　　　　　单位：mm

名称		电力电缆沟深度		
		≤600	600～1000	≥1000
通道宽度	两侧有支架	300	500	700
	单侧有支架	300	450	600
电力电缆之间水平净距		不小于电缆外径		
电力电缆支架层间净距	每层一根电力电缆	$D+50$		
	每层多根电力电缆	$2D+50$		
	电力电缆在防火槽内	槽盒高度+80		

注　D 为电力电缆外径。

电力电缆沟内的立柱和支架若为型钢制作，应热浸镀锌并与接地网连接。如选用硬质塑料制成的耐腐蚀支架必须具有足够的机械强度。电力电缆沟中以 $40 \times 5mm^2$ 扁钢组成接地网。接地电阻应不大于 4Ω，在土壤电阻率较大的地区，允许不大于 10Ω。

2. 电力电缆沟敷设注意事项

电力电缆沟中敷设牵引电力电缆，与直埋敷设基本相同。需要特别注意的是，要防止电力电缆在牵引过程中被电力电缆沟或电力电缆支架刮伤。因此，在电力电缆引入电力电缆沟处和电力电缆沟转角处，必须用滚轮组成适当圆弧，既减小牵引力和侧压力，又能保护电力电缆。电力电缆应按照设计规定放在支架上指定部位，金属支架应加塑料衬垫。单芯电力电缆应用尼龙绳将其绑扎在支架上，以防止系统短路时因动力作用使电力电缆移位而受损。在电力电缆沟中应有必要的防火措施，这些措施包括适当的阻火分隔封堵，电力电缆接头表面阻燃处理以及选用阻燃电力电缆。

四、电力电缆桥梁敷设

1. 电力电缆桥梁敷设的类型

为跨越河道将电力电缆敷设在交通桥梁或专用电力电缆桥上的电力电缆安装方式称为电力电缆桥梁敷设，常用桥梁敷设类型及其技术要求如下：

（1）短跨距交通桥梁，电力电缆应穿入内壁光滑、耐燃的管子内，在桥堍部位设电力电缆伸缩弧以吸收过桥电力电缆的热身缩量。

（2）长桥距交通桥梁人行道下敷设电力电缆，为降低桥梁震动对电力电缆金属护套的影响，应在电力电缆下面每隔1～2m加垫橡胶垫块，电力电缆敷设后填黄砂。在两边桥堍建过渡工井，设置电力电缆伸缩弧，高压大截面电力电缆应作蛇形敷设。

（3）长桥距交通桥梁箱型电力电缆通道。当通过交通桥梁电力电缆根数较多，按市政规划把电力电缆通道作为桥梁结构的一部分进行统一设计。这种过桥电力电缆通道一般为箱型结构，类似电力电缆隧道，桥面应有临时供敷设电力电缆的人孔。在桥梁伸缩间隙部位，应按桥桁架最大伸缩长度设置电力电缆伸缩弧，高压大截面电力电缆应作蛇形敷设。

（4）专用电力电缆。在没有交通桥梁可以通过电力电缆时，应建专用电力电缆桥。专用电力电缆桥一般为弓形，采用钢结构或钢筋混凝土结构，断面形状与电力电缆沟相似。

2. 电力电缆桥梁敷设注意事项

（1）利用交通桥梁敷设电力电缆，应取得当地桥梁管理部门认可并遵守下列规定：

1）电力电缆和附件的全部重力在桥梁设计允许承载范围内。

2）在桥梁上敷设的电力电缆和附件，不得低于桥底距水面的高度，不得有损桥梁结构和外观。

（2）敷设在长跨距桥梁上的电力电缆和附件，应具有适应安装环境的以下性能，即耐振动性能、耐热机械力性能、耐腐蚀性能、外护套具有一定的绝缘性能。

（3）在敷设牵引时，在桥堍处应有必要的技术措施，使电力电缆承受的牵引力、侧压力和弯曲半径，都在允许值范围内，并经计算确认。

（4）电力电缆桥梁敷设，除填砂和穿管外，应采取与电力电缆沟敷设相同的防火措施。

五、电力电缆竖井敷设

1. 电力电缆竖井敷设的特点

将电力电缆敷设在竖井中的电力电缆安装方式称为竖井敷设。竖井是垂直的多根电力电缆通道，上下高差较大。竖井与建筑物成一整体，为钢筋混凝土结构，在竖井内壁有固定电力电缆的支架和夹具，有贯通上下的接地扁钢，金属支架的预埋铁与接地扁钢用电焊连接。竖井内每隔4～5m设工作平台，有上下工作梯、起重和牵引电力电缆用的拉环等设施。竖井敷设适用于水电站、电力电缆隧道出口以及高层建筑等场所。

敷设在竖井中的电力电缆必须具有能承受纵向拉力的铠装层，应选用不延燃的塑料外护套或阻燃电力电缆，也可选用裸细钢丝铠装电力电缆。竖井中优先选用交联聚乙烯电力电缆。当选用充油电力电缆时，在其供油系统中必须注意高程差带来的净油压的影响。当高程差大于30m，要选用中油压或高油压充油电力电缆，或安装塞止式接头。

2. 电力电缆竖井敷设方法

（1）上引法和下降法。电力电缆竖井敷设，按施工场地条件和电力电缆结构，有上引法和下降法两种牵引方法。

1）上引法是自低端向高端敷设，电力电缆盘安放在竖井下端，卷扬机在上端，输送机、卷扬机和钢丝绳应具有提升竖井全长电力电缆重力的能力。

2）下降法是自高端向低端敷设。电力电缆盘安放在竖井上口，用输送机将电力电缆推进到竖井口，借助电力电缆自重和安放在竖井中的输送机，将电力电缆自上而下敷设，牵引钢丝绳引导电力电缆向下，卷扬机将钢丝绳收紧。图5-20是下降法敷设电力电缆示意。采用下降法牵引敷设，在电力电缆盘上要有可靠的制动装置，所有输送机和卷扬机应有联动装置控制。

（2）电力电缆竖井敷设注意事项：

1）电力电缆竖井敷设时，电力电缆要承受纵向拉力、侧压力和扭力三种机械力的作用。最大纵向拉力是竖井全长电力电缆总重力；在最大纵向拉力时竖井上端圆弧形滑板槽或转角滚轮组处，电力电缆承受最大侧压力。在竖井中工作平台处增设输送机有利于调整电力电缆牵引力和侧压力，在敷设施工前应进行计算，施工中严格控制，以防止电力电缆损伤。

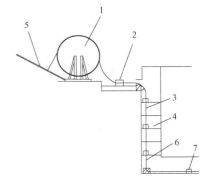

图5-20　竖井中用下降法敷设电力电缆
1—电力电缆盘；2—输送机；3—电力电缆；
4—竖井；5—制动装置；6—钢丝绳；7—卷扬机

在电力电缆端部与牵引钢丝绳之间，应加装防捻器，使电力电缆上的扭力及时得到释放。

2）在竖井中敷设充油电力电缆，应密切注意上、下端电力电缆油压的变化。上、下端油压差即竖井电力电缆的净油压随着竖井敷设高度增加而增大。应注意上端实际油压不得低于电力电缆最低油压，下端实际油压不得高于电力电缆最高油压。油压变化范围是0.02～0.3MPa的低油压充油电力电缆，不适用于高度大于30m的竖井。竖井高度超过30m甚至达到100m左右，应采用中油压或高油压充油电力电缆。此时电力电缆中静油压要超过0.4MPa，在制作下面终端时，需对电力电缆采取局部冷冻措施。

3）在竖井中敷设高压大截面电力电缆，应采取蛇形固定方式。在两个波谷间的电力电缆应用移动式电力电缆夹具固定。

六、电力电缆隧道敷设

1. 电力电缆隧道断面形式和施工方法

（1）电力电缆隧道断面形式。电力电缆隧道的断面形式有圆形、矩形和马蹄形，如图5-21所示。电力电缆隧道断面形式主要取决于施工方法，采用暗挖法施工的隧道一般为圆形，采用明挖法施工的隧道一般为矩形或马蹄形。

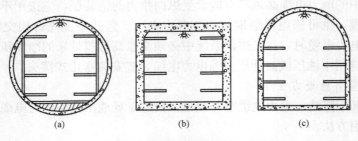

图 5-21　电力电缆隧道断面形式
(a) 圆形隧道；(b) 矩形隧道；(c) 马蹄形隧道

（2）电力电缆隧道施工方法。电力电缆隧道施工方法有暗挖法和明挖法。明挖法包括顶管法和盾构法，明挖法又称为大开挖法。三种施工方法各有特点，施工方法比较见表 5-8。

表 5-8　　　　　　　　　　　　　　电力电缆隧道施工方法比较表

施工方法	顶管法	盾构法	明挖法
主要特点	采用顶管机头开挖土体，用液压顶进装置将钢管或钢筋混凝土管逐段顶进	采用环形盾构掘进机械切削地下土层，现场组装盾构管片	大开挖施工，现浇钢筋混凝土或砖砌墙体盖预制板
适用范围	隧道内径不大于 3.4m，直线走向且无较大高差	隧道内径不小于 2.7m，电力电缆路径满足盾构转向半径	隧道走向上方无其他设施，开挖深度小于 7m
工程造价	造价偏高	造价高	造价低
优点	顶管材料可预制，施工工期较短	隧道内表面光滑、预埋件设置方便、准确	施工工艺较简单，工期较短，预埋件设置准确
缺点	在顶进过程中预埋件会产生位移。如采用钢管需较高的运行维护成本	盾构机具加工周期较长，施工周期也较长	只有在上方没有或仅有少量可拆迁地下管线和地面交通允许条件下才具备实施可行性

2. 电力电缆建设一般原则

（1）电力电缆隧道建设规划。电力电缆隧道建设规划应与城市电网整体建设规划同步进行。一般在以下情况应建设电力电缆隧道：

1）同一路径 35kV 电力电缆超过 10 根。

2）220kV 电力电缆回路不小于 3 回。

3）市区 220、500kV 变电站前以及 500kV 电力电缆通道。

（2）电力电缆隧道的最小断面：

1）圆形主隧道内净尺寸 $D=2700$mm；圆形支隧道内净尺寸 $D=2200$mm。

2）矩形主隧道内净尺寸 $D=2400$mm（宽）$\times 2200$mm（高）；矩形支隧道、设单侧支架时内净尺寸，$D=1400$mm（宽）$\times 2100$mm（高）。

（3）电力电缆隧道工作井：

1）暗挖法施工的隧道工作井间距一般不大于 600m，明挖法施工的隧道工作井间距宜取

200m 左右。工作井同时作为人员进出口，应设置楼梯、平台、吊物孔、拉环、支架埋件等设施。并满足电力电缆敷设和接头的要求。

2）电力电缆隧道两端工作井是电力电缆线路附件和隧道附属设施安装场所，在征得城市规划部门同意后，工作井上可有适当地面建筑，并与周边环境相协调。隧道两端工作井与排管或直埋电力电缆接口的预留孔，必须做好防水封堵措施，在隧道外侧应做好防止隧道出现不均匀沉降的措施。

（4）电力电缆隧道接头区。电力电缆隧道应结合地形每隔 200～300m 设置一个接头区。接头区隧道顶板应设置两个人孔，以供敷设电力电缆和人员进出。人孔处应有固定或可拆卸的梯子。人孔盖应能防盗、防渗漏。在接头区必须设置一对电力电缆拉环。

（5）电力电缆隧道通道。电力电缆隧道通道净宽应符合下列要求：

1）在两侧有支架时，不小于 1000mm。

2）在单侧有支架时，不小于 900mm。

为提高圆形隧道断面利用率，暗挖法施工的圆形隧道通道净宽可减小到 800mm。隧道内任何设施安装不应影响通道的正常使用。纵向坡度大于 10°的隧道通道应设防滑地坪或台阶。

（6）电力电缆隧道支架：

1）电力电缆隧道支架应满足所需承载能力，稳固耐久，表面光滑无毛刺，并符合防火要求。

2）所有金属支架应接地。

3）隧道长度方向支架立柱的间隔距离应不大于表 5-9 的规定。

表 5-9　　　　　　　　　　电力电缆支架立柱允许最大间距　　　　　　　单位：mm

电力电缆种类	电力电缆敷设部位		
	水平直线	水平弯曲	垂直
35kV 及以上电力电缆	1500	900	2000
中、低压电力电缆	800	500	1500

3. 电力电缆隧道附属设施

根据电力电缆隧道的环境条件和运行需求，应有以下附属设施：

（1）低压电源。隧道内应接入供动力和照明用的 380/220V 三相四线制低压电源。每个电源进线容量应满足供电范围内全部设备同时投入时用电需要。在人员出口处装设电源进线箱。应设置照明和动力电源总开关，防水、防潮多用插座。

（2）照明系统。照明电源应采用 220V，选用防潮、防爆型照明灯具。灯具应安装在隧道顶部。采用二路电源交叉供电和两地双向控制开关。照明灯线应采用截面积不小于 1.5mm² 硬铜导线，并采用管子穿线方式。

（3）排水系统。电力电缆隧道内应有自动排水系统。设置纵向坡度不小于 5‰ 的排水沟。在区间隧道最低点设集水坑，内装自动排水的水泵。水泵必须满足隧道最高扬程的要求。隧道内积水向城市下水道排放，上端应设逆止阀以防止回水。

（4）通风系统。隧道内采用自然通风和机械排风相结合的通风方式，可将隧道出入口兼作通风口。在设计时按隧道所需通风量选择进排风机，风速不宜超过 5m/s。进排风机和进排风孔应能在隧道内发生火警时自动关闭。进排风口应有防止小动物进入隧道的金属网格。

（5）防火措施。设置防火门、防火墙等阻火分隔措施，设置火灾探测报警和固定式灭火装置。

（6）接地系统。设置以 $40\times5mm^2$ 经防腐处理的扁钢在现场电焊搭接组成环形接地网，接地电阻应小于 4Ω，土壤电阻率较大地区允许接地电阻不大于 10Ω。隧道中金属构件和固定式电器用具均应与接地极连通。

4. 电力电缆隧道敷设施工

（1）电力电缆隧道敷设施工一般规定：

1）位于同侧的多层支架上电力电缆应按电压等级由低至高，由上至下排列。

2）同一变电站的进线电力电缆应敷设于不同侧的支架上。

3）500kV 电力电缆和导体截面积不小于 $1000mm^2$ 电力电缆应采用蛇形敷设。

4）500kV 电力电缆和导体截面积不小于 $1000mm^2$ 电力电缆接头应在隧道专设接头区内安装。

5）电力电缆隧道中的电力电缆应采取的防火措施有：

a. 选用阻燃电力电缆；

b. 采用难燃轻型封闭式电力电缆槽盒保护；

c. 采用防火包带缠绕。

（2）电力电缆隧道敷设牵引方法。电力电缆隧道敷设一般采用卷扬机钢丝绳牵引和输送机（或电动滚轮）牵引相结合的方法，其间使用联动控制装置。电力电缆从工作井引入，端部使用牵引端和防捻器。牵引钢丝绳如需应用葫芦及滑车转向，可选择隧道内位置合适的拉环。在隧道底部每隔 $2\sim3m$ 安放一只滚轮，敷设牵引时关键部位应有人监视。高度差较大的隧道两端部位，应防止电力电缆引入时因自重产生过大的牵引力、侧压力和扭转力。隧道中宜选用交联聚乙烯电力电缆，当敷设充油电力电缆时，应注意监视高、低端电力电缆油压的变化。位于地面电力电缆盘上油压应不低于最低允许油压，在隧道底部最低处电力电缆油压应不高于最高允许油压。隧道电力电缆敷设后，应根据设计施工图规定将电力电缆安装在支架上，单芯电力电缆必须采用适当夹具将电力电缆固定。高压大截面电力电缆应使用可移动式夹具以蛇形方式固定。

七、水底电力电缆敷设

1. 水底电力电缆敷设概述

（1）水底电力电缆特点。水底电力电缆适用于跨越两个陆地之间水域的输配电线路，具有下述特点：

1）加强型护层结构。水底电力电缆应具有加强金属护套及其保护层——聚乙烯护套，具有加强金属带和能承受纵向拉力的粗钢丝铠装。为提高铠装钢丝的耐腐蚀性能，每根钢丝外加 1mm 厚的聚乙烯套。一般水底电力电缆为单层粗钢丝铠装，敷设于深海的水底电力电缆应采用双层粗钢丝铠装。

2）导体应柔软密实，以降低海水沿导线间隙渗透的可能性。交联聚乙烯绝缘的水底电力电缆应具有纵向阻水性能的导体结构。

3）水底充油电力电缆应确保油压大于水压。充油电力电缆敷设前应调整油压，使敷设后最深处的电力电缆油压大于水压 0.02MPa。

4）较长的水底电力电缆允许安装工厂软接头。工厂软接头在工厂内制作，并与电力电缆本体连续铠装，其外形尺寸与电力电缆本体相同或略大一些，它和电力电缆一样能承受拉、扭和弯曲等各种机械应力的作用。制造厂应标出软接头的位置，以在敷设施工和运行中加以注意。

（2）水底电力电缆的盘装和散装。根据水底电力电缆长度不同，有盘装和散装两种方式。盘装是指在工厂将电力电缆绕在盘上，敷设时电力电缆盘置于船上或岸边，盘转动电力电缆放出。散装是指不用电力电缆盘的筒装或堆叠在电力电缆船舱内的圈装，大长度水底电力电缆一般采用散装。圈装不受装卸设备功率限制，电力电缆长度可比筒装更长。

（3）水底电力电缆敷设施工船和主要机具：

1）敷设施工船。水底电力电缆敷设应根据特定工程的电力电缆规格、长度、电压等级、水域跨度，水文、地质、气象状况以及埋设深度等，经综合研究分析后，确定敷设施工方案，选择合适的施工船舶和机具。一般在满足电力电缆及敷设机具设备装载的前提下，为了有利于靠近堤岸，应选择吃水较浅的平板驳船为敷设施工船，并要求施工船具有宽大的工作舱面。

2）敷设船主要机具。水底电力电缆敷设施工船上应具备的主要机具见表 5 - 10。

表 5 - 10　　　　　　　　　　　　敷设施工船主要机具

机具名称	用　　途
卷扬机	敷设船牵引动力
履带牵引机	对电力电缆进行牵引或制动
入水槽	控制电力电缆入水时弯曲半径
入水角测量仪	监视电力电缆张力
退扭架	消除盘绕电力电缆产生的退扭应力
潜水设备	供潜水员进行水下作业
长度记录仪	控制敷设长度
测深仪	控制电力电缆张力
测距仪	校核敷设长度和敷设船离岸距离
车轮内胎	托浮电力电缆
GPS 定位系统	施工船定位和导航
高压水泵	埋设电力电缆（浅埋）
埋设机	埋设电力电缆（深埋）

（4）水底电力电缆敷设一般方法：

1）确定电力电缆登陆点和路径中心线。根据设计施工图，经测量确定电力电缆登陆点和路径中心线。在两岸竖立标示路径中心线和设计偏移幅度的道标。如运用 DGPS 定位系统，应预先设计路径图输入计算机。

2）水底电力电缆敷设分始端登陆、中间水域敷设和末端登陆三个阶段。通常选择浅海滩较长的岸边为始端登陆处，末端登陆长度越短越好。

3）中间水域敷设时要注意控制好以下三个重要环节：控制好消除铠装钢丝的退扭力。在牵引端应装防捻器，散装敷设施工船上应有退扭架。控制好敷设船按设计路径航行，航行轨迹不应超过设计允许的偏离范围，否则电力电缆长度会不够。控制好电力电缆放出的速度、入水角和电力电缆张力，以确保电力电缆敷设过程中不"打小圈"。

2. 盘装水底电力电缆敷设

长度不大于 2km 的水底电力电缆可采用盘装敷设。盘装电力电缆敷设应选择在风力不大于 5 级，小潮汛、憩流或枯水期进行。盘装电力电缆敷设采用钢丝绳牵引、拖轮逆流顶推法，如图 5‑22 所示。选择滩地较长的岸边为始端登陆点，用卷扬机将电力电缆牵引上岸并固定。然后敷设工作船沿设计路径向对岸航行，电力电缆盘转动，电力电缆经输送机和入水槽放出，徐徐沉入水底。

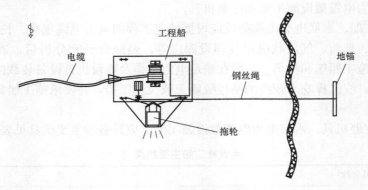

图 5‑22　盘状水底电力电缆敷设方式

水底电力电缆在敷设过程中，电力电缆因其自重沉降到水底。当积累在水中悬挂段电力电缆的退扭力大于其在水中的重力，水中悬挂段电力电缆有可能由于退扭力作用而"打小圈"。为了防止电力电缆"打小圈"，敷设时必须按水深控制电力电缆的入水角和张力。张力、水深、电力电缆在水中重力和入水角之间的关系为

$$T = \frac{W'h}{1 - \cos\alpha} \leqslant [T] \qquad\qquad (5\text{-}7)$$

式中：T 为计算张力，N；W' 为电力电缆在水中单位长度重力，N/m；h 为计算深度，m；α 为入水角，(°)；$[T]$ 为电力电缆允许承受的张力，N。

入水角一般控制在 30°~60°，水深较大时，入水角取较大值。

电力电缆末端登陆一般采用如下方式：当电力电缆敷设至对岸滩边时，即用锚将敷设工程船定位，然后将船身缓慢转动 120°，使电力电缆入水槽朝向水流的下游，在工程船移位的同时和移位后，将电力电缆呈 Ω 形放出，每隔 3~4m 用充气车轮内胎依次绑扎电力电缆，以形成弧状顺水流漂浮于水面，如图 5‑23 所示。待盘上电力电缆端头拉下后，再用岸上卷扬机将电力电缆缓慢牵引登岸。

3. 筒装水底电力电缆敷设

筒装电力电缆敷设是大长度水底电力电缆散装敷设方式之一。制造厂将电力电缆圈入筒时，每一匝电力电缆扭转了 360°，为控制扭力电力电缆筒必须有足够的周长，使沿圈形周长单位长度扭转角不大于 25°/m。敷设时电力电缆从圈形状态转变为直线状态，在敷设工程船上必须有足够高的退扭架，以消除铠装钢丝的退扭力。退扭架高度是指筒内最上一层电力电缆至退扭架顶部入口处的高度应有制造厂确定，一般不小于筒装电力电缆 0.7 倍外圈直径。

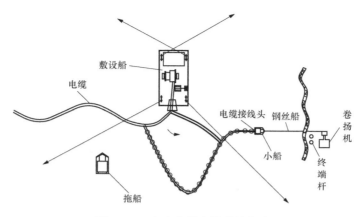

图 5 - 23　电力电缆末端登陆方式

图 5 - 24 所示的电力电缆敷设工程船自航或用钢丝绳牵引，并以拖轮拖带沿设计路径航行。电力电缆由输送机拖动经退扭架、倾斜滚轮和入水槽放入水中。

4. 水底电力电缆埋设

（1）水底电力电缆埋设类型。将电力电缆埋入水底土体之下一定深度，是防止电力电缆遭受船舶抛锚、搁浅和渔业捕捞等机械损坏的有效措施。根据通航船舶吨位与通航状况、河床土质以及电力电缆的重要性，水底电力电缆埋设按其深度有以下三种类型：

图 5 - 24　电力电缆敷设工程船

1）浮埋。浮埋是指将电力电缆敷设在河床上，电力电缆以其自重下沉于泥沙中的埋设方式。浮埋适用于不通航或船只稀少的内河。

2）浅埋。将电力电缆敷设后，采用人工挖掘或应用高压水泵将电力电缆周围泥沙吹散，使电力电缆沉入泥沙中，埋设深度一般可达 1～1.5m。浅埋适用于小型船只出入的水域或靠近岸边的浅滩地段。

3）深埋。浅埋是指将电力电缆埋设在河床下 3～5m 称为深埋。深埋适用于大型船舶通航的水域，其埋深大于大型船舶的锚齿高度。

（2）水底电力电缆埋设施工。水底电力电缆浅埋或深埋的埋设施工方法有开挖沟槽法、先敷后埋法和边敷边埋法三种。

1）开挖沟槽法。这种方法与直埋敷设相似，先开挖沟槽，电力电缆敷设入沟后回填土。适用于电力电缆线路较短的水域。浅滩部位可用人力或机械开挖，水域内应用挖泥船开挖。

2）先敷后埋法。按设计路径将电力电缆敷设于水底，然后沿着电力电缆一段段将其埋深。浅滩部位可用人力或机械埋设，水域部位用高压水泵或埋设机械埋设。先敷后埋法的优点是在埋设作业过程中，如遇恶劣气象条件，可将电力电缆从埋设机中取出，以利施工船只撤离。

3）边敷边埋法。在敷设电力电缆的同时，应用埋设机将电力电缆埋深，称为边敷边埋。这种方法是应用水力机械式埋设犁，借助 10～20MPa 的高压水枪把江床土层切割成槽，随后将电力电缆敷设于沟槽中。该项技术的核心在于对埋设犁在水下作业状态进行实时监测与控制，船上操作人员能通过计算机对显示的埋设犁姿态、埋设深度、埋设犁牵引索张力以及水泵工作压力等技术参数进行必要调控。图 5-25 是水底电力电缆边敷边埋施工示意图。

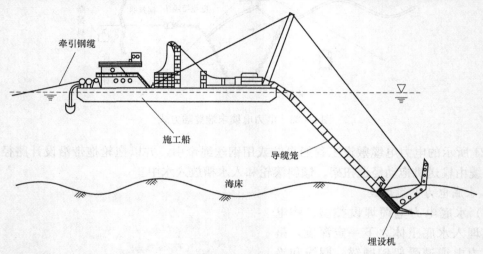

图 5-25　水底电力电缆边敷边埋施工示意

第六章　电力电缆线路运行和检修

第一节　电力电缆线路验收

电力电缆线路工程属于隐蔽工程，其验收应贯穿在施工全过程中进行。认真地做好电力电缆线路的验收，不仅是保证电力电缆线路施工质量的重要环节，也是电力电缆网络安全可靠运行的有力保障。所以，在各个电压等级电力电缆安装过程中，运行部门必须对所管辖区域新安装电力电缆线路，严格按照验收标准在施工现场进行全过程监控和投运前的竣工验收。

一、电力电缆线路工程验收制度和方法

1. 电力电缆线路工程验收制度

电力电缆线路工程验收按自验收、预验收、过程验收、竣工验收四个阶段组织进行，每阶段验收必须填写"验收记录单"，并做好整改记录。

（1）自验收由施工部门自行按照组织进行，并填写"验收记录单"。自验收整改结束后，向本单位质量管理部门提交工程验收申请。

（2）预验收由施工单位质量管理部门组织进行，并填写"预验收记录单"。预验收整改结束后，填写"工程竣工报告"，并向上级工程质量监督站提交"工程验收申请"。

（3）过程验收是指在电力电缆线路工程施工中对敷设、接头、土建项目的隐蔽工程进行中途验收。运行部门要根据施工情况列出检查项目，由验收人员根据验收标准在施工过程中逐项进行验收，并填交"工程验收单"，签名认可。

（4）竣工验收由施工单位的上级工程质量监督站组织进行，并填写"工程竣工验收签证书"，对工程质量予以等级评定。在验收中个别不完善项目必须限期整改，由施工单位质量管理部门负责复检并做好记录。"工程竣工报告"完成后一个月内需对施工单位进行工程资料验收。

2. 电力电缆线路工程验收方法

（1）验收的手续和顺序。施工部门在工程开工前应将施工设计书、工程进度计划递交质监和运行部门，以便对工程进行过程验收。工程完工后，施工部门应书面通知质监、运行部门进行竣工验收。同时施工部门应在工程竣工一个月内将有关技术资料、文件、报表（含工井、排管、电力电缆沟、电力电缆桥等土建资料）一并移交运行部门整理归档。工程资料不齐全的工程，运行部门可不予接收。

（2）电力电缆线路工程验收应按分部工程逐项进行。电力电缆线路工程可分为电力电缆敷设、电力电缆接头、电力电缆终端、接地系统、信号系统、供油系统、调试7个分部工程。每个分部工程又分为几个分项工程，具体项目见表6-1。

表 6-1　　　　　　　　　　电力电缆线路工程项目划分一览表

序号	分部工程	分项工程
1	电力电缆敷设	电力电缆沟槽开挖、牵引、墙洞封堵、支架安装、直埋、排管和竖井敷设、防火工程、分支箱安装

续表

序号	分部工程	分项工程
2	电力电缆接头	直通接头、绝缘接头、塞止接头、过渡接头、护层交叉互联
3	电力电缆终端	户外终端、户内终端、GIS终端、终端接地箱
4	接地系统	终端接地、接头接地、护层换位箱接地、分支箱接地
5	信号系统	信号屏、信号端子箱、控制电力电缆敷设和接头、自动排水泵
6	供油系统	压力箱、油管路、电触点压力表
7	调试	绝缘测试（含耐压试验和电阻测试）、参数测试、信号系统测试、油压整定、护层试验、接地电阻测试、油样试验、油阻试验、相位校核、护层保护器试验

（3）验收报告的编写。验收报告的内容主要分工程概况说明、验收项目签证和验收综合评价三个方面。

1）工程概况说明。内容包括工程名称、起讫地点、工程开（竣）工日期以及电力电缆型号、长度、敷设方式、接头型号、数量、接地方式、信号装置布置和工程设计、施工、监理、建设单位名称等。

2）验收项目签证。施工部门在工程验收前应根据实际施工情况编制好"项目验收检查表"作为验收评估的书面依据。验收部门可对照项目验收标准对施工项目逐项进行验收签证和评分。

3）验收综合评价。通过与验收标准对照对工程质量作出评价。验收标准应根据有关国家标准和企业标准制定，验收部门应对过程验收和竣工验收中发现的情况与验收标准进行比较，得出对该工程施工的综合评价。并对整个工程进行打分，成绩分为优、良、及格、不及格四种：优，所有验收项目均符合验收标准要求；良，所有主要验收项目均符合验收标准；及格，个别次要验收项目未达到验收标准，不影响设备正常运行；不及格，多数主要验收项目不符合验收标准，将会影响设备正常安全运行。

二、电力电缆线路敷设工程验收

电力电缆敷设工程属于隐蔽工程，验收应在工程过程中进行，并且要求抽样率必须大于50%。

1. 电力电缆线路敷设验收的标准及技术规范

电力电缆线路敷设验收应符合以下标准或技术规范：

（1）电力电缆敷设规程；

（2）该工程的设计书和施工图；

（3）该工程的施工大纲和敷设作业指导书；

（4）电力电缆排管和其他土建设施的质量检验和评定标准；

（5）电力电缆线路运行规程和检修规程的有关规定。

2. 电力电缆线路敷设验收内容

电力电缆敷设验收内容主要有电力电缆沟槽开挖、牵引、支架安装、排管敷设、竖井敷设、直埋敷设、防火工程、墙洞封堵和分支箱安装，其中前六个分项工程为关键验收项目，应重点加以关注。

（1）电力电缆沟槽开挖验收内容：

1）施工许可文件齐全；

2）电力电缆路径符合设计书要求；

3）与地下管线距离符合相关敷设规程要求；

4）开挖样洞充足，地下设施清晰；

5）开挖深度按通道环境及线路电压等级均应符合敷设规程要求；

6）堆土整齐，不影响交通；

7）施工现场符合文明施工要求。

（2）牵引验收内容：

1）电力电缆牵引车位置、人力配置、电力电缆输送机安放位置均符合作业指导书和施工大纲要求；

2）如使用网套牵引，按金属护套截面积计算，铅包电力电缆牵引力不大于 $10s$（N），铝包电力电缆牵引力不大于 $20s$（N），其中 s 为金属护套截面积，mm^2；

3）如使用牵引端牵引，按导体截面积计算，铅导体电力电缆牵引力不大于 $40s$（N），铜导体电力电缆牵引力，不大于 $70s$（N），其中 s 为导体截面，mm^2。

施工时电力电缆弯曲半径符合作业指导书及施工大纲要求。

（3）墙洞封堵验收内容。变电站电力电缆穿越墙洞、工井排管口、开关柜、开关仓电力电缆穿越洞口，要求封堵材料符合设计要求，封堵密实良好。

（4）对电力电缆直埋、排管、竖井与电力电缆沟敷设施工现场验收要求的共同点是：

1）搁置电力电缆盘的场地应实行全封闭隔离，并有警示标志；

2）电力电缆敷设前准备工作完善，完成校潮、制作牵引端、取油样等；

3）充油电力电缆油压应大于 0.15MPa；

4）电力电缆盘制动装置可靠；

5）110kV 及以上电力电缆外护层绝缘应符合 GB 50217—2018《电力工程电缆设计标准》的要求；

6）电力电缆弯曲半径应符合 GB 50217—2018 要求；

7）施工单位标志字迹清晰；

8）电力电缆线路铭牌字迹清晰，命名符合 GB 50217—2018，铭牌悬挂符合装置图要求；

9）施工资料整齐、正确、字迹清晰，完成及时。

（5）对电力电缆直埋、排管、竖井敷设验收的特殊要求：

1）直埋敷设：①滑轮设置合理、整齐；②电力电缆沟底平整，并辅以 5～10cm 软土或砂，电力电缆敷设后覆盖 15cm 软土或黄沙；③电力电缆保护盖板应覆盖在电力电缆正上方；

2）排管敷设：①排管疏通工具应符合 GB 50217—2018 的规定，并双向畅通；②电力电缆在工井内固定应符合装置图要求，电力电缆在排管口应有一定"伸缩弧"；

3）竖井敷设：①竖井内电力电缆保护装置应符合 GB 50217—2018 要求；②竖井内电力电缆固定应符合装置图要求。

（6）支架安装验收内容：

1）支架应排列整齐，横平竖直；

2）电力电缆固定和保护。在隧道、工井、电力电缆层内电力电缆都应安装在支架上，电力电缆在支架上应固定良好，无法上支架的部分应每隔1m间距用吊攀固定，固定在金属支架上电力电缆应有绝缘衬垫；

3）蛇形辐射应符合作业指导书要求。

（7）电力电缆防火工程验收内容：

1）电力电缆防火槽盒验收应符合设计要求。上下槽安装平直，接口整齐，接缝紧密。槽盒内金具安装牢固，间距符合设计或装置图要求。端部应采用防火材料封堵，密封完好。

2）电力电缆防火涂料厚度和长度应符合设计要求，涂刷应均匀，无漏刷。

3）防火带应半搭盖绕包，平整、无明显突起。

4）电力电缆层内接头应加装防火保护盒，接头两侧3m内应绕包防火带保护。

5）其他防火措施验收应符合设计书及装置图要求。

（8）电力电缆分支箱验收内容：

1）分支箱基础的上表面应高于地面200～300mm，固定完好，横平竖直，分支箱门开启方便。

2）内部电气安装，接地极安装应符合设计和装置图要求。

3）箱体防水密封良好，分支箱底部应铺以黄沙，然后用水泥抹平符合作业指导书要求。

4）分支箱铭牌书写规范，字迹清晰，命名符合GB 50217—2018的要求，符合装置图要求。

5）分支箱内相位标识符合装置要求，相色宽度不小于50mm。

三、电力电缆接头和终端工程验收

电力电缆接头及终端工程属于隐蔽工程，工程验收应在施工过程中进行。如采用抽样检测，抽样率应大于50%。电力电缆接头分为直通接头、绝缘接头、塞止接头、过渡接头和护层换位箱五个分项工程。电力电缆终端分为户外终端、户内终端、GIS终端和终端接地箱分项工程。

1. 电力电缆接头和终端验收

（1）施工现场应做到环境清洁，有防尘、防雨措施。

（2）绝缘处理、导体连接、增绕绝缘、密封防水处理、相间和相对地距离应符合施工工艺设计和运行规程要求。

（3）施工单位标志和铭牌需做到字迹清晰、安装标准规范。铭牌命名应符合GB 50217—2018的要求，相色清晰，宽度不小于50mm。

（4）热缩管需热缩平整，无气泡。

（5）接头应加装保护盒起到机械保护及防火作用。接头和终端安放应符合设计书或装置图要求。

（6）需接地的金属护层应接地良好符合设计及装置图要求。

2. 电力电缆终端接地箱和护层换位箱验收

（1）终端接地箱安放符合设计书及装置图要求。

（2）终端接地箱内，电气安装符合设计要求。护层保护器符合设计要求，完整无损伤。螺栓连接符合标准。

（3）终端接地箱密封良好。

（4）护层换位箱铭牌书写规范、字迹清晰命名符合 GB 50217—2018 要求，护层换位箱内同轴电力电缆相色符合装置图的要求，相色宽度应不小于 50mm。

（5）终端接地箱箱体应采用不锈钢材料。

（6）护层竣工试验标准符合 GB 50217—2018。

四、电力电缆线路附属设备验收

电力电缆线路附属设备验收主要是指接地系统、信号系统、供油系统的验收。

1. 接地系统验收

接地系统由终端接地网、接头接地网、终端接地箱、护层换位箱及分支箱接地网组成。统一采用接地系统工程的检验标准进行验收。主要由以下几个项目：

（1）终端接地装置应符合装置图要求，接地电阻应不大于 0.5Ω。

（2）终端接地线连接应采用接线端子与接地排连接，接线端子应采用压接方式。

（3）35kV 及以下终端接地线采用截面积 35mm² 镀锡软铜线，110～220kV、单芯电力电缆护层换位箱的连接应采用内、外芯各为截面积 120mm² 同轴绝缘铜线，并经直流耐压 10kV/1min 合格。

（4）接地网。接地电阻应不大于 4Ω，接地扁钢规格为 40×5mm²，并经防腐处理，采用搭接焊，搭接长度必须是其宽度的 2 倍，而且至少要有 3 个棱边焊接。

2. 信号保护系统验收

信号保护系统验收中，信号与控制电力电缆的敷设接头可参照电力电缆敷设、接头验收标准。信号屏、信号箱安装，自动排水装置安装等工程验收可统一采用二次回路施工工程验收标准进行。具体要求如下：

（1）控制电力电缆每对线芯核对无误有明显标记。

（2）信号回路模拟试验正确，符合设计要求。

（3）信号屏安装符合设计装置图要求，标志清晰、元件齐全、连接牢固。

（4）信号箱安装牢固，箱门和箱体有多股软线连接，接地良好。

（5）自动排水装置符合设计装置要求。

（6）低压接线连接可靠，端部标志清晰整齐，绝缘符合要求。

（7）接地要求：信号屏接地电阻不大于 4Ω，控制电力电缆屏蔽层必须在距变电站接地网 50～100m 处可靠接地，接地电阻应不大于 4Ω。

（8）铭牌书写规范、字迹清晰、命名符合要求。

3. 供油系统验收

供油系统验收含压力箱、油管路和电触点压力表 3 个分项工程的验收。验收的主要内容有：

（1）压力箱装置符合设计和装置图要求，表面无污迹和渗漏，各组压力箱有相位标识。压力箱支架需采用热浸镀锌钢材。

（2）油管路采用塑包铜管，布置横平竖直，固定、连接良好、无渗漏。焊接点表面平整，管壁形变小于 15%。

（3）压力表和电触点压力表应有检验记录和标识，连接良好无渗漏。

五、电力电缆线路调试

电力电缆线路调试由信号系统调试、油压整定、绝缘测试、电力电缆常数测试、护层试验、接地网测试、油阻试验、油样试验，相位校验、护层保护器试验等项目组成。其中绝缘测试一项包括直流或交流耐压试验和绝缘电阻测试。测试结果均需符合电力电缆线路竣工试验规程、工程设计书和作业指导书要求。

六、电力电缆线路竣工资料验收

电力电缆线路竣工资料主要包括以下几种：

（1）施工依据性文件：施工图设计书、线路管线执照和掘路执照、设计交底会和工程协调会会议纪要及有关协议、工程施工合同、工程概预算书。

（2）施工指导性文件：施工组织设计、作业指导书。

（3）施工过程性文件：电力电缆敷设报表、接头报表、设计修改文件、电力电缆护层绝缘测试记录、油样试验报告，压力箱、信号箱、换位箱和接地箱安装记录。

（4）竣工验收资料：铭牌申请单，自验收、预验收、竣工验收的记录单、申请单和验收签证书，各种试验报告，开工、竣工报告，竣工图。

（5）由制造厂提供的技术资料：产品设计计算书，技术条件和技术标准，产品质量保证书及订货合同。

第二节　预防电力电缆故障主要措施

认真进行电力电缆线路故障技术分析，不断积累电力电缆线路运行经验和运行技术资料，从中正确寻找出电力电缆故障发生原因，落实事故防止对策，是提高电力电缆线路安全可靠运行，降低和减少电力电缆线路事故的有效措施。

一、电力电缆故障分类

电力电缆故障总体可分为试验故障和运行故障两大类。试验故障是指电力电缆在计划停电的预防性试验中绝缘击穿或绝缘不良，必须进行检修后才能恢复送电的故障。由于此类故障未造成用户供电中断，故只需作故障技术分析，不必作为事故统计。运行故障是指电力电缆线路在正常供电过程中因某种原因造成线路绝缘击穿，以致对用户突然停止供电的设备事故。此类事故运行部门必须进行认真分析，积累经验，采取有效措施加以预防和控制。

电力电缆故障具体分类可以从以下几个方面划分：

（1）按电力电缆线路电压等级分类：①1000V及以下电力电缆故障；②10kV电力电缆故障；③35kV电力电缆故障；④110kV电力电缆故障；⑤220kV电力电缆故障。

（2）按电力电缆线路绝缘材料分类：①交联聚乙烯绝缘电力电缆故障；②充油电力电缆故障等。

（3）按电力电缆线路故障部位分类：①电力电缆线路本体故障；②电力电缆线路中间接头故障；③电力电缆线路终端（户内终端、户外终端）故障。

（4）按电力电缆线路造成故障具体原因分类：①设计缺陷；②制造缺陷；③材料缺陷；④绝缘受潮；⑤施工不良；⑥绝缘老化；⑦铅包龟裂；⑧绝缘干枯；⑨外力损坏；⑩外力因素；⑪过电压；⑫铅包腐蚀；⑬雷击；⑭火灾；⑮污闪等。

二、电力电缆线路故障预防措施

1. 故障原因综述

造成电力电缆线路故障的原因比较复杂，大体可归纳为：

（1）人员直接过失：①电力电缆选择不当；②接头及终端设计缺陷；③安装方式不当及安装单位施工不良；④运行不当；⑤检修维护不良。

（2）设备不完善：①电力电缆制造中遗留缺陷；②绝缘材料不合格。

（3）自然灾害：①雷击；②水淹；③台风袭击；④鸟害、虫害；⑤地沉、地震。

（4）正常老化：①电力电缆运行达30年以上，绝缘严重老化；②户外终端运行20年以上终端受潮。

（5）外力损坏：①机械挖土损坏；②人工挖掘损坏；③打桩损坏；④绿化植树损坏；⑤土建施工损坏；⑥水底电力电缆因船舶抛锚或船底搁浅损坏。

（6）其他：①腐蚀；②用户过失；等等。

2. 预防电力电缆故障措施

根据电力电缆线路故障原因及分类，分别提出以下降低和减少电力电缆故障的对策和措施。

（1）严格设计规范和设计顺序，加强设计审核。对新设备、新材料、新工艺，技术部门应先安排少量试运行，待运行经验成熟后再逐步推广使用。对于施工中的人员过失问题也应加强施工前期管理。施工前必须认真落实施工组织设计、编写施工大纲、作业指导书及规范施工验收制度，确保施工的全过程均在有效监控中进行。

（2）对于电力电缆设备制造中遗留的缺陷，如铸铁件有砂眼、瓷件的机械强度不够，组装及加工粗糙、绝缘材料不合格等问题，可以通过材料部门加强对设备的验收来堵住事故漏洞。110kV及以上电压等级电力电缆和附件应派员驻厂进行监造，以保证交货质量。

（3）因设备老化造成的运行故障占年事故总数一定比例，为减少此类事故的发生，提高设备的安全可靠性，运行部门必须每年根据电力电缆线路设备运行状况制订相应的更新改造计划，使超期服役的设备逐步更新，以提高电力电缆线路的健康运行水平。

（4）采取切实有效措施减少外力损坏事故。一些城市电力电缆的事故统计表明，每年因施工挖掘、打桩等机械损坏而造成的电力电缆故障约为占事故总数的30%左右，个别施工高峰年达到年事故总数的60%～70%。运行部门必须采取强有力措施，将此类事故减少到最低限度，特别是超高压电力电缆线路受外力损坏后停电面积大，对电网安全运行危害严重。

（5）为防止设备带缺陷运行的责任事故，应采取以下措施：

1）安排专人对设备进行巡视检查、监控。

2）发现缺陷做好记录，并定期将处理资料归档，以便积累运行经验和作技术分析参考。

3）设备巡视中发现的缺陷可按性质分为紧急、严重、一般等不同性质输入电脑监控系统，使设备处于及时受控状态。

（6）为防止电力电缆过负荷对电力电缆绝缘的损坏，应采取以下措施：

1）定期测量电力电缆负荷。

2）当由多条不同截面、不同导体材料组成的电力电缆并联使用时，总允许负荷应按最小电力电缆允许载流量乘以并联电力电缆根数计算，不得按各条电力电缆允许负荷叠加计算。

3）预防并联电力电缆负荷不均匀分配。因电力电缆并联运行而造成负荷分配不均匀主要是由于接点接触电阻不等和变化引起的，特别是铜铝接点影响更大。在并联电力电缆中，甚至出现某条电力电缆负荷降至零值的现象，因而造成其他并列运行电力电缆过负荷或接点发热，引发运行事故。运行人员应对上述情况加强监视。

（7）防止电力电缆终端套管雾闪和污闪事故。雾闪和污闪事故是电力电缆安全运行的一大灾害，如不加强预防，会造成系统大面积停电。应采取以下预防措施：

1）定期清扫套管，按污区类型根据运行规程要求定期进行清洗。此项工作可以在带电情况下进行，也可以配合停电检修彻底清洗。

2）增涂防污涂料，即在终端头套管表面涂上一层防污涂料（有机硅树脂涂料）安全使用周期可达一年，此项措施在重污区采用。

3）提高绝缘套管绝缘等级或增设硅橡胶增爬裙和加装绝缘帽。

（8）加强运行管理，完善电力电缆线路运行管理制度及管理机制，提高设备管理水平。主要包括：

1）建立一站一档，一线一档，设备责任到人的管理机制。做到每条电力电缆有责任人，每人有责任区、责任站、责任线。

2）运行管理全过程受控，即新设备施工过程控制，新设备投运前验收把关，加强市政配合与设备巡视检查，各类缺陷跟踪、闭环、归档，为设备制订检修、更新计划，原始资料的收集、提供等均做到动态监视和全过程控制，为电力电缆线路安全可靠运行提供可靠保障。

第三节 电力电缆线路运行维护

一、运行维护基本任务和主要技术指标

电力电缆线路运行管理基本任务是满足电网和用户不间断供电，确保电力电缆线路安全无事故运行。运行管理的重点工作是以先进科学技术、经济高效的手段，最大限度降低电力电缆线路的事故率，提高电力电缆线路的供电可靠性和可用率。下面介绍电力电缆运行维护工作的主要技术指标。

1. 电力电缆线路事故率

$$年电力电缆线路事故率 = \frac{100 \times 年发生运行故障数（次）}{电缆线路中长度（km）} \qquad (6-1)$$

以上计算得出该地区每一百公里电力电缆一年中发生运行故障的次数。

2. 电力电缆线路可用率

各电压等级电力电缆线路可用率为其每年可用小时与当年实际小时的比率，其计算公式如下：

$$电力电缆线路可用率 = \frac{当年实际小时数 - 电缆线路停役累计小时数}{当年实际小时数} \times 100\% \qquad (6-2)$$

电力电缆线路可用率是衡量电力电缆线路运行技术管理水平的重要技术指标。可用小时是实际小时与停役累计小时之差，停役时间包括故障修理时间和计划停电时间。我国城市电网对电力电缆线路可用率要求达到99.9%。

3. 电力电缆网络"N-1"准则

"N-1"准则是指正常运行方式下的电力系统中任一元件（含电力电缆线路）无故障或

因故障断开,电力系统应能保持稳定运行和正常供电,其他元件不过负荷(不包括设备元件的短期允许过负荷能力),电压和频率均在允许范围。电力电缆线路设计和运行管理部门应使电力电缆网符合"N-1"准则。

二、电力电缆线路运行维护的主要内容

为确保电力电缆线路安全可靠运行,电力电缆运行管理部门必须切实做好以下几方面运行管理工作。

1. 电力电缆线路巡视监护防止机械外力损坏

(1)建立正确可靠的地下电力电缆资料和线路标识。电力电缆运行管理部门和市政建设部门都应具有准确的地下电力电缆定位资料,应沿电力电缆路径设置警示标志,以便在城市道路开挖施工前得到有关设计和施工部门的密切关注。

(2)制定地下电力电缆运行管理制度,电力电缆线路运行管理部门需按国家电力法规制订相应的管理办法,通过本单位所设的护线办公室严格贯彻实施,使电力电缆保护做到有法可依。

(3)建立地下工程施工配合制度。凡在公共道路挖掘、打桩、搭建、造房及埋设管道设施,必须事先与电力电缆线路运行管理单位取得联系,办妥施工配合交底卡,查清施工范围内所有地下设施图纸资料,并组织召开有关各方施工配合协调会,落实各项保护地下管线的措施计划。

(4)严格电力电缆线路守护制度。地下电力电缆线路位置有施工挖掘时,守护人员必须到现场进行不间断监护,电力电缆线路被挖出暴露后守护人员应督促施工人员采取措施,将暴露电力电缆按运行规程要求予以可靠临时悬吊和妥善保护(见图6-1),并在电力电缆位置设置明显标志,以防止已暴露电力电缆损坏。对守护和悬吊保护的电力电缆应做好记录。

图6-1 电力电缆临时悬吊和保护现场

(5)落实定期巡视制度。电力电缆线路运行部门应按不同电压等级及线路的重要程度建立定期巡视周期,设专人负责巡视,并严格监督实施。电力电缆巡视检查项目和周期见表6-2。在巡视周期内巡视人员发现有问题的电力电缆线路,应按缺陷性质闭环处理。

表6-2 电力电缆线路定期巡视检查项目和周期

巡查项目	巡查周期		
	110~220kV	35kV	10kV及以下
电力电缆线路路面	7天	14天	14天
户内、户外电力电缆终端	3个月	1年	2~3年
充油电力电缆供油装置	1个月	—	—
电力电缆隧道、塞止井	1个月		
电力电缆桥、电力电缆层、分支箱、换位箱、接地箱	1年		
电力电缆沟、排管工井及支架	2年		

2. 电力电缆线路的负荷监控及温度测量

电力电缆线路应在其额定允许载流量范围内运行，电力电缆原则上不应过负荷。因为过负荷会造成导体温度过高，使电力电缆绝缘加速老化，电力电缆金属护套膨胀、变形，甚至出现中间接头盒或终端胀裂以及触点发热损坏等现象。它将缩短电力电缆使用寿命，造成电力电缆运行故障。为此运行管理部门应采取有效措施加以监视和控制。主要方法有：

（1）通过测量记录电力电缆线路负荷和红外热像仪（或红外测温仪）测量电力电缆表面温度等方法加以监控。图 6-2 所示是红外热像仪。

图 6-2　红外热像仪

（2）散热条件较差的地区，在电力电缆线路外层装设热电偶或压力式温度表测试电力电缆表面温度。通常直埋敷设电力电缆表面温度不得超过 50℃。

3. 电力电缆线路防腐蚀及虫害侵蚀

电力电缆线路防腐蚀主要是指对金属护套的化学腐蚀及电解腐蚀。

（1）化学腐蚀。电力电缆线路直埋敷设在地下，因地下水或土壤含有一定酸碱性，当测得其 pH 值小于 6 或大于 8 时，电力电缆的金属护套就可能受到化学腐蚀。通过对电力电缆周围土壤和地下水进行取样化学分析，可以判断对电力电缆的腐蚀程度，见表 6-3。

表 6-3　　　　　　　　通过土壤和地下水化学分析判断对电力电缆腐蚀程度

腐蚀程度	侵蚀指标						
土壤和地下水的腐蚀程度	氢离子浓度（pH 值）	一般酸碱性（KOH mg/L）	土壤里有机物（%）	一般硬度（硬度数）	硫酸离子（mg/L）	碳酸气体（mg/L）	硝酸气体（mg/L）
不腐蚀	6.8～7.2	0.05 以下	2 以下	15 以下	100 以上	30 以上	不计算
中等程度腐蚀	6～6.8 和 7.2～8	0.05～1	2～5	9～14	60～100	30～80	0.05 以下
腐蚀	6 以下和 8 以上	1 以上	5 以上	8 以下	60 以下	80 以上	0.05 以上

注　1. pH 值应用 pH 计测定。
　　　2. 有机物的百分数，用焙烧测量（约 50g）的方法测量。

（2）电解腐蚀。产生电解腐蚀的主要根源是从直流设备流入大地的杂散电流。当电力电缆与某种直流设备接近，并且处在杂散电流通过金属护套流出至周围土壤的"阳极区"时，电力电缆金属护套将遭受到电解腐蚀。运行经验表明，当从电力电缆金属护套流出的电流密度一昼夜的平均值达到 $1.5\mu A/cm^2$ 时，金属护套就有遭受腐蚀的危险。

1）杂散电流密度的测量。一般可采用如图 6-3 所示的辅助电极法测量杂散电流密度。"辅助电极"是一段与被测电力电缆外径相等具有金

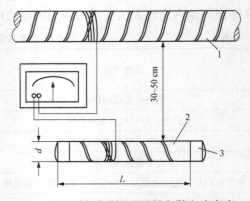

图 6-3　用辅助电极法测量杂散电流密度
1—电力电缆；2—电极；3—热缩封套

属护套和铠装层的电力电缆。这段电力电缆的长度按其表面积不小于 500cm^2 来确定，如电力电缆外径为 d，则长度 L 应不小于 $500/\pi d(\text{cm})$；

将作为辅助电极的一端电力电缆外被层剥去，擦清铠装表面，焊上连接线。焊接点用绝缘带包好，电极两端以热缩套管为封端。

杂散电流密度 J 为

$$J = \frac{I}{A} \tag{6-3}$$
$$A = \pi dLk$$

式中：I 为毫安表上读测电流，mA；J 为电流密度，mA/cm^2；A 为电极与大地接触面积，cm^2；d 为电极外皮的直径，cm；L 为电极长度，cm；k 为电极表面与周围土壤的接触系数，对于钢带铠装电力电缆，$k=0.5$。

2）防止电解腐蚀的方法：主要是将电力电缆外皮流出的电流限制在规定的范围之内。可采取的方法有：①加强电力电缆金属护套与附近金属物体间的绝缘；②装置排流或强制排流、极性排流设备，设置阴极站等；③对于电解腐蚀严重的地区，应加装遮蔽管。

3）虫害防治：电力电缆线路应防治来自虫害的侵蚀。在气候潮湿地区适宜白蚁繁殖。白蚁会侵蚀电力电缆的护套，造成护套穿孔进潮。在白蚁活动频繁地区，电力电缆线路设计应选用防白蚁的特殊护套。对已投入运行的电力电缆线路，如发现沿线有白蚁繁殖，应立即报请当地白蚁防治部门灭蚁，以防运行电力电缆受到白蚁侵蚀。

4. 电力电缆线路的绝缘监督

做好绝缘督促工作是确保电力电缆线路安全可靠运行的有效措施，应使电力电缆始终处于受控状态。通过努力使电力电缆线路达到一级绝缘水平。

（1）建立和健全绝缘监督组织体系。首先要建立自上而下完整的绝缘监督组织体系，形成绝缘监督网络，确保运行中每根电力电缆的运行信息反馈储存。

（2）编制和实施电力电缆线路预防性试验计划，运行部门应按运行规程要求认真编制和实施预防性试验计划，及时发现和消除电力电缆线路中绝缘薄弱环节，消除可能导致事故发生的缺陷。

（3）对带缺陷运行设备的监督试验。明知有缺陷存在，又一时无法彻底消除而带缺陷运行的电力电缆线路称为异常运行电力电缆。例如在预防性试验中发现泄漏电流不稳定、泄漏电流有升高现象，两相泄漏电流之比大于 2，但经延长试验时间仍未击穿的。对于带缺陷运行的电力电缆线路必须加强监督试验。可在 3～6 个月内监视数次，缺陷无变化可认定为稳定线路，进入正常运行状态。

（4）电力电缆线路绝缘等级划分。根据电力电缆线路的绝缘测试数据，结合运行和检修中发现的缺陷，按分析缺陷对线路安全运行的影响程度，对于 35kV 及以上电力电缆线路应每年进行一次电力电缆线路绝缘等级划分。电力电缆绝缘等级通常划分为三级（见表 6-4）。对于二、三级绝缘的电力电缆线路可通过维护检修、更新改造等动态管理，使设备的健康状况过渡到一级水平。

表 6-4　　　　　　　　　　　电力电缆线路绝缘等级划分

绝缘等级	绝缘测试数据	运行检修中发现缺陷情况
一级	试验项目齐全，数据合格	未发现（或已消除）绝缘缺陷

绝缘等级	绝缘测试数据	运行检修中发现缺陷情况
二级	重要项目试验合格，个别次要项目不合格	个别次要项目虽不合格但暂不影响安全运行
三级	一个及以上主要试验项目不合格，泄漏电流大且有升高现象，耐压时有闪络，预防性试验超周期	已发现威胁安全运行的绝缘缺陷

三、不同类型电力电缆运行维护特点

1. 交联聚乙烯电力电缆

交联聚乙烯电力电缆运行维护特点如下：

（1）交联电力电缆绝缘中的水树枝现象是影响安全运行的隐患，不能通过对绝缘进行直流耐压试验来发现。应采用对电力电缆线路进行局部放电检测、测试绝缘电阻、0.1Hz电压试验、交流变频谐振试验和其他在线检测方法来探测交联电力电缆绝缘性能的变化。

（2）交联电力电缆在任何情况下都应高度重视封头和密封处理，防止水分进入电力电缆本体。在安装及检修前要检查交联电力电缆和导体中无潮气存在，如发现水分进入，必须采用干燥气体驱赶法将水分排去。

2. 自容式充油电力电缆

110kV及以上自容式充油电力电缆应认真做好以下几项运行维护工作：

（1）定期检查充油电力电缆的供油系统压力，并做好记录，以便及时发现电力电缆线路的油压异常及漏油现象，及时消除漏油缺陷。

（2）对金属护套两端接地的电力电缆线路，应定期检查护套中的环流。如护套接地线接触不良，将会改变成一端接地运行，对护层绝缘造成威胁。

（3）对运行电力电缆的外表温度进行监视，充油电力电缆长期允许工作温度为80℃，如外表温度超过50℃时，将会造成土壤中水分迁移，使土壤热阻系数增大，影响电力电缆载流量。

（4）当电力系统发生故障或电力电缆线路通过大电流后，应对装设在电力电缆线路上的护层保护器进行检查，如有损坏，应及时更换。

（5）定期检查运行电力电缆通过的隧道、塞止井中的自动排水装置、通风照明装置及电力电缆线路的渗漏油点，使其始终保持良好状态。

四、电力电缆线路运行技术管理

1. 技术资料管理

运行部门长期积累的运行技术资料是修订运行管理规章制度、制订运行管理技术原则的主要依据。电力电缆线路工程属于隐蔽工程，电力电缆线路建设和运行的全部文件和技术资料是分析电力电缆线路在运行中出现问题和确定采取措施的技术依据。所以运行管理部门必须十分重视对电力电缆线路技术资料的有效管理。

（1）建立设有专人管理的技术资料档案室。应该根据《中华人民共和国档案法》、GB/T 11822—2008《科学技术档案案卷构成的一般要求》等法规，成立规范的档案室，制订企业的档案管理制度。电力电缆线路技术档案是企业的宝贵财富，必须存放于合格的库房。电力电缆线路技术档案的收集、整理、归档、鉴定和查询利用等，都必须有一系列严格的规章制度，由具有一定专业知识的档案管理人员贯彻实施。

（2）电力电缆技术管理必备的技术资料主要有：

1）原始资料。电力电缆线路施工前的有关文件和图纸资料称为原始资料，主要包括工程计划任务书、线路设计书、管线执照、电力电缆及附件出厂质量保证书，以及有关施工协议书等。

2）施工资料。电力电缆和附件在施工安装中的所有记录和有关图纸称为施工资料，主要包括电力电缆线路图、电力电缆接头和终端的装配图、安装工艺和安装记录、电力电缆线路竣工试验报告。电力电缆敷设后必须绘制详细的电力电缆线路走向图，直埋电力电缆线路走向图的比例一般为1：500，地下管线密集地段应取1：100，管线稀少地段可用1：1000，平行敷设的线路尽量合用一张图纸，但必须标明各条线路的相对位置，并绘出地下管线剖面图。为了便于检索电力电缆线路档案资料，应建立电力电缆线路索引卡（又称台账卡）。索引卡按电压等级、变（配）电站和线路分类。索引卡登录电力电缆线路的原始装置情况和简要历史，以及图纸编号等。原始装置情况包括电力电缆长度、截面积、额定电压、型号、安装日期、制造厂名、线路参数、接头和终端型号、编号和装置日期。简要历史情况包括线路检修记录、电力电缆线路大修、更改情况等。

（3）运行资料。电力电缆线路在运行期间逐年积累的各种技术资料称为运行资料，主要包括运行维护记录、预防性试验报告、故障修理记录、电力电缆线路巡视以及发现缺陷记录等。

（4）共同性资料。与多条电力电缆线路相关的技术资料，主要包括电力电缆线路总图、电力电缆网络系统接线图、电力电缆断面图、电力电缆接头和终端的装配图、电力电缆线路土建设施的工程结构图。

2.运行维护和检修计划编制

针对设备健康状况，编制和实施年度运行维护和检修计划是使设备安全可靠性不断提高、绝缘等级不断上升的有效措施。

（1）编制计划考虑因素。考虑因素包括：①年平均供电故障次数；②年平均定期预防性试验击穿次数；③需改装和处理缺陷的中间接头与终端的数量；④需落实的反事故措施和对策；⑤在温度和负荷测量及巡视检查中发现问题，需落实的改进措施；⑥防电力电缆腐蚀工作；⑦配合系统调变压器及调电杆的年平均工作量；⑧市政配合工作量；⑨检查电力电缆故障和对外协作工作量。

（2）编制计划考虑内容。考虑内容包括：①工作项目；②工作进度；③人力资源配备；④维修资金的落实；⑤材料准备和主要材料消耗数量的估计。

3.电力电缆绝缘监督和设备评级工作

运行电力电缆的绝缘监督和设备评级工作是制订运行设备年度检修计划和更新改造计划的主要依据，也是动态掌握设备健康状况的有效手段。

（1）电力电缆线路绝缘评级。对电力电缆绝缘进行监视，对电力电缆绝缘状况排队评级是全面判断电力电缆绝缘水平的一项重要工作。它的主要依据是预防性试验的结果和运行中曾发生的故障分析。绝缘评级应设专人负责，采取专业管理和分级管理的办法组成健全的绝缘监督网，切实做好绝缘监督工作。

（2）电力电缆设备评级。电力电缆设备评级是指电力电缆线路及其附属设备的评级，是供电设备安全大检查的重要环节，也是供电设备管理的一项基础工作。设备评级分为以下三级：

1）一级设备。经过运行考验技术状况良好，能保证在满负荷下安全供电的设备。

2）二级设备。基本完好的设备，能长期保持正常供电，但个别部件有一般性缺陷。

3）三级设备。有重大缺陷不能保证安全供电的设备。

（3）设备评级的参考标准如下：

1）一级设备：①能满足实际运行需要，无过热现象；②无机械损伤；③绝缘良好，各项试验符合规程要求；④电力电缆终端无漏油、漏胶现象，绝缘套管完整无损；⑤电力电缆的固定和支架完好；⑥电力电缆的敷设路径及接头区位置有标志；⑦电力电缆终端相色和铭牌正确清楚；⑧技术资料完整正确；⑨油压和外护层绝缘监视合格，能正常运作。

2）二级设备：仅能达到一级设备的①～④项的。

3）三级设备：达不到二级设备标准的。

4. 规章制度的制订检查和监督

（1）制订设备定期维修制度。对系统设备必须按要求定期进行维修试验，不得超周期运行。对电力电缆桥梁、隧道、电力电缆沟、电力电缆竖井等定期检修制度。

（2）建立对设备的绝缘监督制度。对设备的试验周期按不同电压等级做出明确规定。对设备的绝缘定级、设备健康定级作出明确规定。

（3）设备技术管理制度及企业技术标准的制订。对老电力电缆更新改造期限作明确规定，对允许参与改接的休止电力电缆年份做出明确规定。制定及修改企业各类技术标准和工艺标准。

（4）建立设备新工艺、新技术推广管理制度。电网系统中规定推广新工艺、新技术必须遵守以下原则：

1）局部试用逐年增加原则。

2）设专人观察检查积累运行经验，并从技术分析统计中寻找出是否推广普及的依据。

5. 事故备品的管理

电力电缆的事故备品属于特种材料，为确保运行检修工作需要，必须有足够数量的电力电缆备品备件，并具有严格的保管制度：

（1）备品须存放在交通便利，容易取用的地点。

（2）备品应按不同规格类别堆放并安置在干燥场所。

（3）备品应能满足各种安装情况（如隧道、排管、桥梁、电力电缆沟、水底电力电缆、竖井等）设备发生故障后检修的需要。

（4）备品应有专人负责验收，验收合格方能入库。

（5）备品的保管和补充应每年检查核实调整一次。

6. 对运行管理人员技术培训

电力电缆运行管理工作是一项专业性较强的工作，做好电力电缆安全运行工作对电网安全可靠运行有着十分重要的意义。电力电缆运行管理人员应通过专门技术培训，掌握下述专业知识和技能，以胜任电力电缆运行管理工作：

（1）各种电力电缆敷设方法。

（2）各种接头和终端的制作。

（3）电力电缆线路图及简单装配图的识图和绘图。

（4）基础电工、钳工和起重操作。

（5）绝缘材料的处理。

（6）登杆作业培训。

（7）电力电缆试验基本知识培训。

（8）电力电缆运行检修各类规章制度及规程。

（9）有关电力电缆基础理论知识。

除以上九个方面理论培训学习外，还需具备一定的现场实践知识培训并通过各阶段职业技能培训考试合格后持证上岗。

五、电力电缆线路防火管理

电力电缆绝缘层和护层大都含有碳氢化合物，属于能燃烧的材料。尤其是充油电力电缆和塑料电力电缆容易着火。在发电厂和变电站，电力电缆密集，一旦发生故障会引发火灾事故。因此，必须重视电力电缆线路防火管理工作。

1. 引发电力电缆线路火灾事故原因

（1）由电力电缆本体故障引发的火灾事故。事故原因包括：

1）因电力电缆绝缘老化、电气性能下降或因电力电缆原材料及制造缺陷造成电力电缆运行中击穿引发火灾事故；

2）电力电缆安装和检修中制作的终端和接头发生击穿引发火灾事故。究其原因，有的属于施工人员未严格按照工艺顺序施工，有的属于附件设计不合理或附件材料不合格。

（2）因外界火源引起的火灾事故。外界火源引起的电力电缆火灾事故有以下几种：

1）在发电厂内，由于汽轮机机油系统、煤粉系统和锅炉发生意外喷油、喷火或喷灰渣，引燃临近电力电缆；

2）临近高压电气设备事故引燃电力电缆着火；

3）在搪铅和电焊操作中，防火措施不当引燃电力电缆；

4）电力电缆与可燃气体管道平行敷设，因可燃气体泄漏进入电力电缆沟道遇火后，发生爆炸引起火灾。

2. 电力电缆线路火灾事故防止措施

电力电缆防火的重点部位有变（配）电站内电力电缆层、电力电缆沟、电力电缆桥架、电力电缆隧道和电力电缆竖井等。防止火灾事故的措施有：

（1）选用防火电力电缆。敷设在变电站电力电缆通道和电力电缆夹层、电力电缆沟、电力电缆桥架、电力电缆隧道和竖井中的 35kV 及以下电力电缆，宜选用阻燃电力电缆。敷设在上述场所的 1kV 及以下的应急照明电力电缆、控制导引电力电缆及重要通信电力电缆，应选用耐火电力电缆。

国产防火电力电缆已形成系列产品可供选用。例如可选用 WDZ 型或 DDZ 型，即无卤低烟或低卤低烟阻燃电力电缆。这类电力电缆的价格一般比同规格非阻燃型电力电缆贵 20%，在安排计划时，首先应满足自变电站终端到站外第一只接头之间的电力电缆使用阻燃电力电缆。

（2）电力电缆接头的表面阻燃处理。在电力电缆防火的重点部位，对电力电缆接头应采用涂覆防火材料进行表面阻燃处理。

1）涂刷防火涂料。防火涂料是外观呈油漆状的混合剂，它在火焰作用下能迅速膨胀、发泡，形成较为结实和致密的隔热泡沫层，能阻止火焰蔓延。涂刷方法是，在接头两侧 3m 及相邻电力电缆上，分 3 次或 4 次涂刷，间隔 4h，涂层总厚度要达到 0.9～1.0mm，防火涂料不易用于潮湿环境。当发现涂料发胀、发黏，龟裂或脱落时，表示涂料已经失效，应重新涂刷。

2）绕包阻燃包带。阻燃包带是氯丁橡胶为基，配以多种阻燃剂及其他添加剂而制成的带材。用它绕包在接头及其两侧约 3m 及相邻电力电缆表面，可阻止火焰沿着电力电缆蔓延。

3）采用阻燃接头保护盒。

（3）阻火分隔和封堵。为了有效防止电力电缆因短路或外界火源造成电力电缆引燃和沿电力电缆延燃，应对电力电缆及附属构筑物采取阻火分隔和封堵措施。

1）阻火分隔是限制火灾范围、降低电力电缆延燃能力和减小分隔空间内电力电缆数量的重要措施。包括防火墙、防火门、耐火隔板和耐火槽盒等。防火墙、防火门用于电力电缆隧道、电力电缆沟、电力电缆桥架和电力电缆夹层。耐火隔板用于电力电缆竖井和电力电缆层中电力电缆分隔，防火墙和耐火隔板的间隔距离应符合表 6-5 要求。

表 6-5　　　　　　　　　　　　　　　　阻火分隔间距

类别	地点		间隔（m）
防火墙	电力电缆隧道	电厂、变电站内	100
		电厂、变电站外	200
	电力电缆沟、电力电缆桥架	电厂、变电站内	100
		厂区内	100
		厂区外	200
耐火隔板	竖井上下层分割间距		7

隧道或电力电缆沟中的高压电力电缆，应用图 6-4 所示的封闭式耐火槽盒保护。耐火槽盒两端用防火包带或防火堵料密封，当电力电缆因故障着火，由于与盒外空气隔绝，火焰将很快因窒息而熄灭。

图 6-4　封闭式耐火槽盒

2）阻火堵封是限制火灾蔓延的重要措施。电力电缆穿越楼板、墙壁或盘柜空洞以及管道两端，要用防火堵料封堵。封堵材料厚度应不小于 100mm，并严实无气孔。

（4）火灾探测报警和固定灭火装置。在大型电厂、变电站进出线电力电缆比较集中的隧道、电力电缆层和竖井中，为了把火灾事故限制在最小范围，尽量减少事故损失，可设计、安装火灾探测报警和自动灭火系统。火灾探测报警可选用感烟或感温探测器，及早探测火情，显示火警部位，发出警报，同时启动固定灭火装置。固定灭火装置有以下三种可供选择：

1）湿式自动喷水灭火系统。发生火灾时，定温热敏感元件在火焰或高温热气流作用下动作，开启喷头，实施喷水灭火。

2）水喷雾灭火系统。发生火灾时，火灾探测器感知到火灾信号，启动电磁阀，使压力水经雨淋阀、管道和水雾喷头形成雾状喷出，实施自动灭火。

3）气体灭火系统。气体灭火系统由灭火剂罐、喷头、管路及启动控制装置构成，在发生火灾时，喷射气体灭火。必须选用符合环保要求的灭火剂（如二氧化碳、七氟丙烷等）。

第四节　电力电缆线路检修

一、电力电缆线路检修和主要技术指标

1. 电力电缆线路检修类型和项目

为了达到减少事故数量、提高供电质量、使电网安全可靠运行的目的，必须对电力电缆运行设备加强监控，做好对设备的健康预测，通过适当的设备检修，消除事故苗子，防止或减少事故发生。

（1）电力电缆线路设备检修类型。常见的检修类型包括矫正性检修、定期检修和状态检修。

1）矫正性检修。当电力电缆及附件发生故障或严重缺陷不能正常运行时，必须进行的检修称为矫正性检修。这类检修具有不可预测性，对电网供电可靠性有不良影响。

2）定期检修。根据电力电缆线路综合运行情况实行"到期必修，修必修好"的原则，对电力电缆或附件进行定期检查、试验及维修称为定期检修，也称预防性检修。这类检修较少考虑电力电缆及附件的实际状况，具有一定的盲目性。

3）状态检修。根据电力电缆和附件"在线检测"的状态测试记录、运行历史记录、统计资料信息和预测性检查试验报告，实行"应修必修，修必修好"的原则，据此确定检修计划的检修管理方法称为状态检修。它的特点是通过设备状态的检测和分析诊断技术，通过对设备运行工况（含缺陷和故障史）的数理统计，合理选择和延长检修周期，优化检修计划和项目，强调应修必修。运用这一检修手段，能做到有目的地检修，减少不必要的检修工作量，取消频繁的到期必修，减少线路停役检修次数和时间，不仅能改善和提高设备的可用率，有利于提高供电可靠性，还能降低供电成本，取得最好的经济效益及社会效益。

（2）电力电缆线路设备停役检修项目。停役检修项目主要有：

1）户内电力电缆终端维护检修工作项目包括：①清扫电力电缆沟检查电力电缆，排除电力电缆沟积水，采取堵漏措施；②清扫电力电缆终端，检查有无电晕放电痕迹；③检查终端接点接触是否良好；④核对线路铭牌、相位颜色；⑤油漆支架及电力电缆铠装；⑥检查接地线；⑦测量单芯电力电缆护层绝缘；⑧检查装有油位指示器的终端油位；⑨高压充油电力电缆取油样，进行油试验。

2）户外电力电缆终端维护检修工作项目包括：①清扫终端盒及套管，检查壳体及套管有无裂缝，套管表面有无放电痕迹；②检查终端接点接触是否良好；③核对线路铭牌及相位颜色；④修理保护管及油漆铠装；⑤检查接地线；⑥检查单芯电力电缆护层绝缘；⑦检查终端盒内绝缘胶（油）有无水分，绝缘胶（油）不满应补充；⑧对高压充油电力电缆取油样，进行油试验；⑨检查充油电力电缆的油压力，定期抄录油压。

3）地面分支箱维护检修。项目包括：①检查分支箱周围地面环境；②检查通风及防漏情况；③核对分支箱名称及电力电缆铭牌；④检查门锁及螺丝；⑤油漆铁件；⑥对分支箱内电力电缆终端的检查内容同户内终端。

4）电力电缆工井和排管的维护检修。项目包括：①抽取水样进行化学分析；②排除井内积水，清除污泥；③油漆支架及挂钩等铁件；④检查井体有无不均匀沉降和裂缝等；⑤疏通备用管孔；⑥检查井内电力电缆及接头有无漏油，支架绝缘衬垫是否完好，接地是否良好；⑦核对线路铭牌；⑧检查有无电解腐蚀。

5）电力电缆沟、隧道的维护检修。项目包括：①检查门锁是否正常，进出通道是否畅通；②检查隧道内有无渗水、积水，排除积水及封堵渗漏；③检查整理电力电缆支架；④检查电力电缆和接头的金属护套与支架间的绝缘衬垫是否完好，在支架处有无损伤痕迹；⑤检查防火带、涂料、堵料及防火槽盒等是否完好，防火设备、通风设备是否运行正常，并记录室温；⑥检查接地情况是否良好，接地电阻是否变化是否符合要求；⑦清扫电力电缆沟或隧道；⑧检查电力电缆及各类附件有无渗漏油点；⑨检查电力电缆隧道照明是否正常。

6）过桥电力电缆的维护检修工作。项目包括：①检查两边桥墩电力电缆是否受过大拉力；②两边桥墩电力电缆是否龟裂、漏油、腐蚀；③电力电缆及保护管、槽是否有受冲撞或外力造成损伤情况；④油漆支架及外露的保护管、槽；⑤检查电力电缆铠装层。

7）电力电缆线路附属设备的维护检修工作。项目包括：①户外设备的各式金具锈蚀严重的应更换；②装有自动温控机械通风设施的场所，应定期检查排风机的运转情况；电动机绝缘电阻控制系统继电器的动作情况；自动合闸装置的机械动作情况以及表计情况等；③装有自动排水系统的工井、隧道等应定期检查水泵运转是否正常；排风进出口是否畅通；电动机控制系统动作准确性、绝缘电阻数值以及表计等情况；④装有油压监视信号装置的地方，应定期检查表计情况；阀门开闭位置是否正确、灵活；管道有无渗漏油。

2. 电力电缆故障检修特点

电力电缆线路发生故障后，为尽快恢复正常供电，避免损坏范围扩大，必须立即进行处理。由于电力电缆类型不同，故障电力电缆检修处理方法也应有其特点和差异，现分述如下。

（1）交联聚乙烯电力电缆故障后处理。交联聚乙烯等挤包绝缘电力电缆在发生故障后，由于导体绞线间空隙的毛细管作用，可能使故障点周围的水分吸进导体内。导体中如果含有水分其危害性在于，电场作用下交联聚乙烯绝缘会诱发水树枝直至绝缘击穿。因此，交联聚乙烯电力电缆故障后应用干燥气体驱赶法排除导体中水分。当导体中水分排除后，补一段同规格型号的电力电缆，安装新的电力电缆接头或终端，试验合格后恢复送电。

（2）充电电力电缆故障后处理。充油电力电缆线路发生故障后，应尽快在线路两侧接上临时压力箱，应保持电力电缆线路的油压稍大于大气压力，然后锯除故障部位。对于已失去油压或因电力电缆油大量流失无法保持油压稍大于大气压的电力电缆故障，应检查绝缘纸中是否含有水分，锯除含水分电力电缆，并对该电力电缆进行抽真空及冲洗处理。然后换上同规格型号的电力电缆，安装接头或终端，耐压试验合格后恢复送电。

3. 电力电缆线路运行维修管理和技术考核指标

（1）落实检修项目的费用估算和核算。电力电缆线路检修是电力电缆工程管理的一个重要组成部分，在开工前必须进行费用估算。费用估算主要根据检修计划中的每一个工作项目来进行，合理估算工程需要耗费的各种材料费用和人工费用，要做到逐项估算。进行实际费用估算如有困难，应到现场实地查看，仔细核对工作内容和工作量，以确保估算的准确性。估算后的检修工作费用情况应及时上报上级部门审核、批准。实施中必须根据批准后的检修费用进行施工核算。

（2）电力电缆故障修复率及修复及时率。努力提高电力电缆故障修复率及修复及时率是确保电网安全运行的重要措施和技术考核指标，其统计计算方式如下：

1）电力电缆故障修复率。各电压等级电力电缆线路应按月统计故障修复率，其计算公式为

$$电缆故障修复率 = \frac{当月电缆故障修复次数}{当月电缆故障发生次数} \times 100\% \qquad (6-4)$$

2）电力电缆故障修复及时率。各电压等级电力电缆线路应按月统计故障修复及时率，其计算公式为

$$电缆故障修复及时率 = \frac{当月故障及时修复次数}{当月故障发生次数} \times 100\% \qquad (6-5)$$

在接到电力电缆故障抢修命令后及时组织抢修，在规定时间内修复，并报告系统调度该电力电缆已具备送电条件，称为电力电缆故障及时修复。各电压等级电力电缆线路的修复时间推荐按以下规定：10kV 及以下电力电缆线路在 24h 内修复；35kV 电力电缆线路在 48h 内修复；110～220kV 电力电缆线路在 96h 内修复。随着电力电缆运行检修单位管理和技术水平提高，经上级技术部门确认，电力电缆检修规定时限可适当缩短。

二、电力电缆线路缺陷分类

电力电缆线路及附件出现威胁电网安全运行，但未造成事故的异常情况称为电力电缆线路缺陷。电力电缆线路出现缺陷后必须输入计算机管理监控系统，由专人负责跟踪监控。切实做到"定期检查—发现缺陷—统计登录—消除缺陷—定期复查"，实行闭环运转管理。电力电缆线路缺陷按对电网安全运行的影响程度，分为一般缺陷、重要缺陷、紧急缺陷三类统计处理。

（1）一般缺陷是指对安全进行影响较轻的缺陷，可通过编制维修计划方式来消除。如终端漏油、套管严重积污、电力电缆金属护套和保护套严重腐蚀等。

（2）重要缺陷是指对安全运行构成威胁，需尽快消除的缺陷。这类缺陷应安排在一周内处理消缺。如接点发热、电力电缆出线金具有裂缝、塑料电力电缆终端表面闪络开裂、金属壳体胀裂并严重漏剂等。

（3）紧急缺陷是指对安全运行已构成较大威胁，必须立即消除的缺陷。如接点过热发红、终端套管断裂、充油电力电缆失压等。

三、电力电缆线路缺陷处理

电力电缆线路虽有影响安全运行的缺陷，但由于某些原因仍需继续运行的，这类情况称为电力电缆线路带缺陷运行。

电力电缆线路带缺陷运行，必须明确各级技术负责人的批准权限，要落实有经验的技术管理人员负责跟踪监视，并根据电力电缆线路的重要程度和缺陷对安全运行的影响程度，向本部门技术负责人报告。负责监视的技术管理人员应督促有关人员通过检修尽早消除缺陷。

1. 电力电缆外护套破损缺陷处理

实行交叉互联接地或一端接地的 110～220kV 单芯电力电缆外护套必须有良好的绝缘。用 1000V 绝缘电阻表测试其绝缘电阻应不低于 0.5MΩ/km。当外护套破损，其绝缘电阻很低时，应寻找出破损点并加以修补使其绝缘水平得到恢复。外护层破损修补可采用以下方法进行：

（1）在破损点用自粘性橡胶带或塑料带包扎。

（2）在停电情况下，用一块与电力电缆外护套相同材料的塑料覆盖在护套破损处，用塑料焊枪热风吹焊。

（3）电力电缆停电情况下，在护层破损处采用拉链热缩管套，用热缩法修补。破损点修补后，应测试护层绝缘电阻，合格后投运。

2. 充油电力电缆漏油缺陷的处理

充油电力电缆线路由于制造缺陷，外力损伤或施工不良等原因会造成电力电缆本体或接头发生漏油现象。当电力电缆线路出现低油压示警时，除在冬季可能因温度过低而导致供油量不足发生低油压示警外，绝大多数是由于充油电力电缆及附件漏油而引起的。充油电力电缆线路因漏油而出现低油压示警，必须及时处理，以避免电力电缆失压而引发运行故障。

（1）充油电力电缆漏油的应急处理。

1）补压。在电力电缆终端或塞止接头压力箱房，对油压异常的一相电力电缆线路实施补压，并注意油压变化。

2）对充油电力电缆线路进行特巡。检查终端、塞止接头、供油管路、压力箱阀门以及裸露的电力电缆有无渗油情况。同时，检查电力电缆线路上有无挖掘施工等可能导致电力电缆金属护套机械损坏的情况。如经过特巡还未发现漏油点时，应对充油电力电缆线路进行漏油点测试。

（2）充油电力电缆漏油点测试方法。充油电力电缆漏油点测试方法有油梳法、油压法、冷冻分段法等。

1）冷冻分段法。冷冻分段法是用液氮作为冷冻剂，将充油电力电缆内部的油局部冷冻，使电力电缆暂时分割成两个供油段，通过对两段油压和油流变化进行比较，从而确定漏油段。其操作步骤是依次按 1/2、1/4、1/8、1/16…分段冷冻直至找到漏油点。图 6-5 所示为冷冻分段法测寻电力电缆漏油点原理。

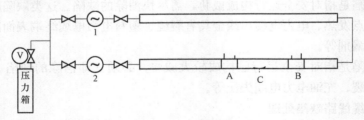

图 6-5 冷冻分段法测寻电力电缆漏油点原理
1、2—流量计；A、B—冷冻点；C—漏油点

冷冻分段法测寻漏油点应注意以下几点：

a. 测寻前应对该线路历史资料进行查询分析，例如电力电缆或附件是否曾有渗漏缺陷和修补记录，以决定对线路发生渗漏可能性较大的区段实施冷冻。

b. 冷冻前线路油压以调整到 0.1MPa 为宜。

c. 在 A 点解冻前，不应马上在 B 点冷冻，以防止 A～B 段间电力电缆出现负压而造成电力电缆内部进气或进水。

采用冷冻分段法冷冻，通常使电力电缆油道中的油冻结，需将局部温度降到 -60～-70℃。当空气温度为 20℃时，要求加冷冻盒后在 1h 冻结，约需液氮 10kg，每小时消耗液氮 1.5kg。

2）油梳法测寻漏油点。油梳法的基本原理是在相同压力下从不同途径到达漏油点的油流量与途径的长度呈反比。测寻方法是在测试端接上压力箱，在故障相及完好相分别接上流量计，在另一端将两相用油管路跨接，如图 6-6 所示。

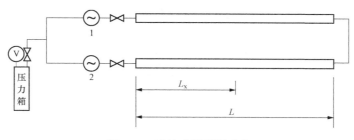

图 6-6　油梳法测寻漏油点

若忽略由于温度变化而引起的油流量，当油流量达到稳定时，应符合关系式

$$\frac{Q_1}{Q_2} = \frac{L_x}{2L - L_x}$$

$$L_x = \frac{Q_1}{Q_1 + Q_2} \times 2L \tag{6-6}$$

式中：L 为电力电缆长度，m；L_x 为测试端到漏油点的距离，m；Q_1、Q_2 为分别为流量计 1 和流量计 2 的读数，m^3/s。

3）油压法测寻漏油点。油压法的基本原理是电力电缆油从供油端压力箱流向漏油点，油流在沿电力电缆油道中产生油压降，当油温不变和漏油量一定的情况下，油压降与压力箱到漏油点的距离成正比。如图 6-7 所示，假定在 B、C 两点之间有一漏油点，在 A 点接上压力箱，分别在 A、B、C 三点测得油压为 P_A、P_B、P_C，A、B 之间距离为 L_{AB}，则 A 点到漏油点的距离 L_x 为

$$L_x = \frac{P_A - P_C}{P_A - P_B} L_{AB} \tag{6-7}$$

用油压法测量漏油点只限于线路漏油量较大的情况，而当漏油量较少时，该方法测量误差较大，因为这种方法不能消除由于电力电缆温度变化产生的影响。另外，由于漏油量产生的油压降主要发生在漏油点，沿线路的油压降一般很小，所有在线路各点测得的油压差别不显著，因此不易得到较正确的测量效果。这种方式一般采用较少。

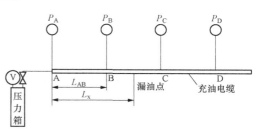

图 6-7　油压法测寻电力电缆漏油点

4）充油电力电缆渗油点修补处理。充油电力电缆发生漏油点后，会使电力电缆内油压降低或失压。严重的会使空气及水分侵入，最终造成绝缘击穿。因此，充油电力电缆除了两端装有油压监视信号以便及时发现漏油情况外，还必须及早修补漏油点。金属护套修漏方法有环氧带修补法、铅焊补漏法和铜套管封焊法三种。

a. 环氧带修补法。首先用耐油橡胶带将金属护套漏油点扎紧，使其不再渗油。然后将

金属护套揩净，再用玻璃丝带和用固化剂调和均匀的环氧树脂涂包在金属护套漏油部位，待环氧树脂固化后，再恢复电力电缆的外护层结构。

b. 铅焊补漏法。①当电力电缆停电后，将电力电缆内油压调至允许最低值。②剥去电力电缆漏油点的外护层、加强层、防水层，直至铅护套漏油点裂口，擦净铅层表面。③根据铅层上漏油点裂口大小，截取适当尺寸的铅皮作补漏铅皮，并在其上钻一个小孔。④将补漏用铅皮包在电力电缆铅层上，盖住漏油点，形成套筒状。在补漏过程中将小孔位置于下方。使电力电缆内溢出的油从该孔往外流，确保铅焊顺利进行。⑤对铅套筒两边圆周及纵向合缝进行铅封焊，使套筒焊牢在铅层上。焊毕，用小螺钉拧入排油小孔，堵住油流，再在螺钉外搪一小铅密封。⑥铅封焊完成后，对电力电缆补油使油压升高到 0.3MPa，稳定 1h，如无渗油出现则压力可调至正常进行油压。⑦恢复防水层，加固铜带层、外护层，并且应扎紧焊牢。⑧如由于漏油后电力电缆或电力电缆终端已发生失压，电力电缆补漏完毕后应按终端安装工艺规程要求真空注油处理。

c. 铜套管封焊法。用厚度 2mm 紫铜板制成铜套管。分上下两半套在漏油点铅包外面。铜套上下二半合缝用银焊或封铅焊接。铜套管外径应比铅包外径大 30mm，能确保焊接时不会损伤铅护套。当铜套管纵向焊好后，将套管移至漏油位置，并使其上下两个油嘴分别处在最高和最低点，对铜套两端和铅包之间进行封焊。在铜套管下油嘴口接一油管，将漏出的油引至集油盘。当封铅完成并冷却后，用压力箱对铜套管注油，待有适量油溢出即拧上螺帽把上下油嘴堵住，并修复外护层。

四、电力电缆线路带电检修

带电检修是电气设备的检修方式之一，运用这一检修方式处理电力电缆线路缺陷，不仅能明显减少因检修而导致停电的户数和停电的时间，而且对提高供电可靠性和电力电缆线路可用率具有重要意义。

1. 带电检修的方法

电力电缆线路带电检修方法有两种：

（1）作业人员在运行中电力电缆线路中间接头或终端的金属外壳地电位上检修。

（2）作业人员站在带电作业高架车的绝缘桶内，在保持与系统等电位的条件下进行检修。

采用以上两种作业方式均需遵照带电作业有关现场专用规程的规定进行。

2. 电力电缆带电检修项目

电力电缆线路带电检修项目有四个方面：

（1）充油电力电缆线路的油压调整。当油压偏低时，可将油压力箱接到油管路系统进行补压。

（2）在不加热情况下修补金属护套及外护套。

（3）户外、户内终端的带电清揩。

（4）电力电缆终端引出线接点发热的检修及更换终端引出线。

3. 电力电缆线路带电检修注意事项

（1）电力电缆线路除导体上带有运行电压外，在金属护套上也具有一定的感应电压，对电力电缆线路进行带电检修，无论采用何种带电检修方式，都必须严格遵守带电作业的各项规定。

（2）电力电缆线路带电检修在下列气象条件下不应进行：雷、雨、雪、雾天气、风力大于 5 级、气温低于 5℃或高于 35℃。

（3）在不同电压等级下进行带电作业，必须保证的安全限距数值见表 6-6 所列。在确保安全距离和有效绝缘距离的情况下，流经作业人员身体的泄漏电流和电容耦合电流限制在几十至几百微安以下，远低于人体对工频交流电 1mA 的感知水平。

表 6-6　　　　　　　　　　　带电作业时保证安全的各种限值

电压等级（kV）	安全距离（m）		绝缘有效长度（m）		斗臂车臂长 L(m)
	相对地	相间	一般绝缘工具	绝缘操作杆	
10	0.4	0.6	0.4	0.7	1.0
35	0.6	0.8	0.6	0.9	1.5
110	1.0	1.4	1.0	1.3	2.0
220	1.8	2.5	1.8	2.1	3.0

（4）按带电作业规程规定，带电作业时电力电缆线路（含相连的架空线）的电容流量不得大于 5A。如 10kV、$3×185mm^2$ 交联电力电缆经计算带电拆搭尾线的电力电缆长度应不超过 2km。用带电检修方式拆搭电力电缆终端尾线时，为确保带电作业安全，必须事先计算电力电缆线路的电容电流。电力电缆线路的电容电流 I_C 可按以下公式计算

$$I_C = U\omega CL \times 10^{-3} \tag{6-8}$$

$$\omega = 2\pi f$$

式中：U 为电力电缆系统的相电压，kV；$f = 50Hz$；C 为电力电缆单位长度的电容，$\mu F/km$；L 为电力电缆长度，km。

10~35kV 交联聚乙烯绝缘电力电缆单位长度的电容值见表 6-7。

表 6-7　　　　　10~35kV 交联聚乙烯绝缘电力电缆单位长度电容值　　　　　单位：$\mu F/km$

导体截面积（mm²）	10kV 交联聚乙烯绝缘电力电缆	35kV 交联聚乙烯绝缘电力电缆
16	0.15	
25	0.17	
35	0.18	
50	0.19	0.11
70	0.21	0.12
95	0.24	0.13
120	0.25	0.14
150	0.26	0.15
185	0.28	0.16
240	0.31	0.17
300	0.32	0.19
400	0.33	0.21

（5）应用绝缘斗臂车进行电力电缆线路带电作业即等电位作业法（见图 6-8），此时人

体与带电体等电位。等电位作业人员在直接接触带电设备时，必须保证人体有足够长的有效绝缘距离和对地及相间的安全距离。对邻近有电体应用绝缘挡板、绝缘布隔开。同时，还必须穿戴全套屏蔽服，是人体体表电场强度减弱到 0.15kV/cm 以下，确保人体安全地进行带电作业。

图 6-8　用绝缘斗臂车进行电力电缆线路带电作业

（6）电力电缆线路上进行带电作业必须经系统调度许可，并停用线路重合闸。

（7）在电力电缆线路带电搭尾线前，必须确认相位正确、电气试验合格和线路断路器、隔离开关已断开，不得带负荷拆搭尾线。拆开电力电缆尾线需采用消弧器，电力电缆的电容不得超过消弧器的消弧能力。

4. 带电作业工具的管理

（1）带电作业工具应存放在通风良好、装置有红外线灯的房间内。

（2）带电作业工具应定期进行电气试验和机械性能试验。绝缘工具电气试验周期为每半年一次；绝缘工具机械性能试验周期为每年一次；金属工具机械性能试验为每两年一次。

（3）带电作业工具在使用前必须进行检查有无损坏、受潮、脏污，并用 2500V 绝缘电阻表分段测试绝缘电阻，各项要求合格后才能使用。

第七章 电力电缆故障测寻

第一节 电力电缆线路故障测寻步骤和常用仪器

一、电力电缆故障测寻步骤

电力电缆线路在运行中因绝缘击穿、导线烧断等突发情况或在预防性试验时发生绝缘击穿而迫使电力电缆线路停止供电的现象称为电力电缆线路故障。除机械外力损坏或终端爆裂等明显故障外，一般需应用测试仪器设备和相应的测试技术才能寻找出电力电缆故障点。电力电缆线路故障测寻通常分为三步，即故障性质确定、故障测距、故障精确定位。

1. 故障性质确定

（1）确定是否为短路（接地）故障。在采取一定安全措施将电力电缆两端与相连设备断开后，首先应用 1500V 直流电源器（也可用绝缘电阻表）测试电力电缆每相导体对地和导体之间的绝缘电阻，这一步俗称"搭脉"。通过测试绝缘电阻，判断电力电缆是否为一相或多相短路（接地）故障。一般绝缘电阻值低于 100kΩ 称为低阻故障，绝缘电阻高于 100kΩ 称为高阻故障。

（2）确定是否为断线故障。如果电力电缆线路三相绝缘电阻值均正常，接着进行导体连续性试验，即测试导体直流电阻。当测试发现导体直流电阻特别大，则认为导体不连续，据此判断电力电缆线路存在断线故障。

（3）确定是否为闪络故障。如果采用上述两种方法都没有发现异常，说明电力电缆故障点可能已经"封闭"。那么，可对电力电缆线路进行耐压试验，试验电压以不高于竣工试验电压为限。当在耐压试验过程中，出现不连续击穿现象时，则判断电力电缆线路存在闪络故障。

2. 故障测距（故障初测）

电力电缆故障测寻的第二步是根据电力电缆故障性质选择合适的测试仪器设备进行故障测距或称故障初测。如上所述，电力电缆线路故障按其性质分类有短路（接地）故障、断线故障和闪络故障等类型。其中，短路（接地）故障按接地电阻值又分为高电阻接地、低电阻接地和金属性短路接地；按接地故障的相数不同分为单相接地、两相接地和三相接地。根据电力电缆线路故障类型和特点选择故障测距的方法，见表 7 - 1。

表 7 - 1　　　　　　　　电力电缆故障的类型、特点和测寻方法

常见故障类型		特点	测寻方法
接地故障	低电阻	绝缘电阻小于 100Ω	低压脉冲反射法
		绝缘电阻大于 100Ω，但小于 100kΩ	电桥法，冲闪法
	高电阻	绝缘电阻大于 100kΩ	直闪法，冲闪法
	三相短路	三相短路接地	低压脉冲反射法 电桥法（借用回线）
断线故障		导线有一相或几相不连续	低压脉冲反射法
闪络故障		在较高电压时产生瞬时击穿	直闪法，冲闪法

3. 故障精确定点

应用仪器设备进行电力电缆故障测距有一定误差,电力电缆线路图纸资料也可能存在一定误差。因此,在电力电缆故障测距(初测)之后,需应用声测或跨步电压等方法进行故障精确定点,以寻找出故障点的确切位置。

二、电力电缆故障测寻常用仪器

测试电力电缆线路故障除了需要容量足够大的高压直流试验设备外,还需要一些专用测试仪器和设备,下面介绍常用的几种。

1. 1500V 直流电源器

1500V 直流电源器输出电压为 1500V,可作为判断电力电缆故障性质的直流电源,其接线如图 7 - 1 所示。应用转换开关 S,直流电源器有 "Ω" "kΩ" "MΩ" 三挡可供选择。"MΩ" 挡的输出阻抗约为 1MΩ;"kΩ" 挡的输出阻抗约为 20kΩ。1500V 直流电源器在 "kΩ" 挡时的输出电流约为 75mA。

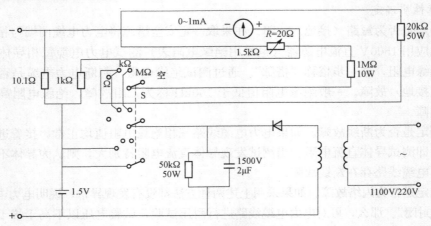

图 7 - 1　1500V 直流电源器接线图

2. QF1 - A 型电力电缆探伤仪

QF1 - A 型电力电缆探伤仪是按电桥法原理制造的,主要用于测试绝缘电阻值低于 100kΩ 的短路(接地故障)型电力电缆故障,尤其对于绝缘电阻小于 10kΩ 的低阻故障测试准确度较高,也可用来测试断线故障、测量电力电缆线路的电容和导体的直流电阻。

3. QF - 2 型电力电缆线路探测仪

QF - 2 型电力电缆线路探测仪由音频信号源、通用接收器、探测器和鉴别线圈组成,它应用电磁感应原理测试电力电缆线路的敷设路径、埋设深度以及进行电力电缆线路的鉴别等。

4. T - 902/903 型电力电缆故障测距仪

T - 902/903 型电力电缆故障测距仪是应用脉冲法原理和微电子技术制造的电力电缆故障测试仪器,具有自动计算和记忆功能,其脉冲电流取样采用在接地回路耦合的方法,与高压回路无电气连接,因而使用时安全可靠性较高。其用于测试电力电缆线路断线故障、闪络故障和短路(接地)故障。

5. T - 503 型电力电缆故障定点仪

T - 503 型电力电缆故障定点仪是根据电力电缆故障放电时在故障点产生机械振动和电磁场发生突变的特点,应用现代微电子技术制造的电力电缆故障探测仪器。该仪器具有声磁同步检测和音频感应两种工作方式，分别用于电力电缆故障定点和电力电缆线路路径探测。

6. YJDT-1/2 型电力电缆护层故障探测仪

YJDT-1/2 型电力电缆护层故障探测仪利用直流电流在护层故障点两侧地面的两点之间存在极性相反的跨步电位原理，用于电力电缆护层破损故障点的确定。

7. 球间隙

球间隙用于声测定点试验，是一对直径为 10～20mm 固定在绝缘支架上可以调节间距的金属铜球，如图 7-2 所示。当球间隙被连接在测试线路（参阅图 7-8）中，聚积在电力电容器上的电荷达到一定的电压能量时，便通过球间隙向电力电缆故障点释放，在故障点产生机械振动和放电声波。

8. 电力电容器

电力电容器额定电压为 10kV，容量为 10μF 的交流电容器，用于声测定点试验。

9. 振膜式拾音棒

振膜式拾音棒俗称"听棒"，是传统的声测定点工具，灵敏度一般，但精确度高。在通过初测，电力电缆故障点大致位置已经确定时，再用它来精确定位。用听棒确定的故障点与实际故障位置的误差一般在 1m 以下。

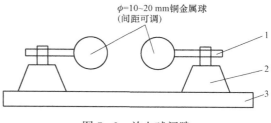

图 7-2　放电球间隙
1—铜支架；2—绝缘支架；3—底座

第二节　电力电缆线路故障测距

一、电桥法和脉冲法

电桥法和脉冲法是电力电缆线路故障测距（故障点初测）的两种方法，前者应用历史悠久，具有使用方便、测试误差较小的优点；后者在近 20 多年来技术发展迅速，并应用现代微电子技术，是电力电缆故障测试向智能化方向发展。这两种方法可根据电力电缆故障性质和其他条件选择。对于一条电力电缆线路故障，也可同时用两种方法测试，以便对测试结果进行比较分析和判断。

1. 电桥法基本原理与特点

电桥法基本原理是：在电力电缆线路测试端，将良好相和故障相导体分别作为电桥的两个桥臂接在测试仪器上，将另一端两相导体跨接以构成回路（见图 7-3）。调节电桥，当电桥平衡时，对应桥臂电阻乘积相等，而作为电桥两个桥臂的电力电缆导体的电阻值与其长度成正比，于是可把电力电缆导体电阻之比转换为电力电缆长度之比，根据电桥上可调电阻和标准电阻数值，即可计算出电力电缆故障点初测距离。

电桥法特点：

（1）用于测试电阻值在 100kΩ 以下的单相、两相、三相以及相间短路（接地）故障。一般不宜用于测试高阻和闪络故障。

（2）当被测电力电缆的各段导体截面积和导体材料不同时，必须换算成相同电阻值的同一种导体截面积和导体材料的"等值长度"。

（3）测试精确度较高，一般测试误差在 0.3%～0.5%。

2. 脉冲波特性和脉冲法

（1）脉冲波的特性。

1）脉冲波在电力电缆线路上按一定速度传播，传播的距离和时间呈线性关系。

2）脉冲波在电力电缆线路上传播时遇到波阻抗不匹配点，如断线、短路和接地等，将产生电磁波反射。

3）在电力电缆线路中脉冲波的波速只取决于电力电缆的绝缘介质，与导体材料及截面积无关。将脉冲波加在已知长度、绝缘良好的电力电缆上，当测出脉冲波自注入另一端返回的时间间隔 $\Delta t(\mu s)$，可算出脉冲波在电力电缆中的传播速度。交联聚乙烯电力电缆波速度为 170m/μs，聚氯乙烯电力电缆波速度为 180m/μs。

（2）脉冲法。脉冲法是应用脉冲波技术进行电力电缆故障测距的方法。根据电力电缆故障性质不同，有以下三种方法可供选择，即低压脉冲反射法（简称低压脉冲法）、直流高压闪络测试法（简称直闪法）和冲击高压闪络测试法（简称冲闪法）。

1）低压脉冲法。低压脉冲法适用于测试电力电缆线路断线故障和小于 100Ω 的低电阻短路故障。其基本原理是，在测试端注入一低压脉冲波，脉冲波沿电力电缆传播到故障点产生反射再回送到测试仪器，仪器记录了发射脉冲波与发射脉冲波的时间间隔 Δt，已知脉冲波在电力电缆中传播速度 v，即可计算出故障点距离。

2）直闪法。测试电力电缆线路闪络故障和高阻短路（接地）故障应尽可能采用直闪法。直闪法基本原理是，在测试端对电力电缆线路故障相施加直流电压，当电压升到一定值时，故障点发生闪络放电，利用闪络放电产生的脉冲波及其反射波在仪器上记录的时间间隔 Δt，从而计算出故障点距离。

3）冲闪法。冲闪法适用于测试故障点泄漏电流较大、直流高压不易使故障点放电的闪络故障和大于 100Ω 的短路（接地）故障。冲闪法测试接线与直闪法的区别在于，在高压试验设备和电力电缆之间串接了一对球间隙。直流高压先对电容器充电，当电压升高到一定数值时，球间隙击穿，电容器对电力电缆放电。如果此时加到电力电缆上的高压幅值大于故障点临界击穿电压，则故障点击穿放电并产生放电脉冲波。故障点放电脉冲波在测试端和故障点之间往返，仪器记录到脉冲波形并计算出故障点距离。

二、应用电桥法测寻电力电缆故障

1. 应用电桥法测寻低阻接地故障

以电桥法原理制作的 QF1-A 型电力电缆探伤仪，现在仍是电力电缆故障探测的常用设备之一。图 7-3 所示是用 QF1-A 型电力电缆探伤仪测寻单相接地故障的原理接线图。

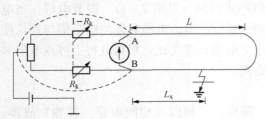

图 7-3　QF1-A 型电力电缆探伤仪测寻单相接地故障原理接线图

R_k—可调电阻；L—电力电缆长度；

L_x—测试端至故障点距离

当测寻电力电缆单相接地故障时，在电力电缆线路的另一端，将故障相导体和绝缘良好相导体跨接，以形成测试回路。在测试端将绝缘完好相导体接到 QF1-A 的"A"接线柱，将故障相导体接到"B"接线柱，这种接法称为"正接法"。这时，电力电缆故障接地点两侧的电力电缆导体成了电桥的两个桥臂。由于导体长度和电阻成正比，当电桥平衡时，两个桥臂电阻之比，即为故障点两边电力电缆长度之比。操作可调电阻 R_k，将电桥调节到平衡状态，即检流计中电流为零时，有下列关系式成立

$$\frac{R_k}{1-R_k} = \frac{L_x}{2L-L_x}, \quad L_x - L_x R_k = 2L R_k - L_x R_k$$

则从测试端到电力电缆故障点的距离 L_x 为

$$L_x = 2L R_k \tag{7-1}$$

式中：R_k 为可调电阻阻值，Ω；L 为电力电缆线路长度，m。

在测试端将故障相导体接到"A"接线柱，将良好相导体接到"B"接线柱，这种接法称为"反接法"。当电桥平衡时，有下列关系式成立

$$\frac{1-R_k}{R_k} = \frac{L_x}{2L-L_x}$$

则从测试端到电力电缆故障点距离 L_x 的平均值，即为从测试端到电力电缆故障点的初测距离。

如果被测电力电缆线路的各段导体电阻率和截面积不相同时，必须先换算成电阻率相同的同一种材料、同一种截面的"等值长度"。换算公式为

$$L_2 = \frac{\rho_1 S_2}{\rho_2 S_1} L_1 \tag{7-2}$$

式中：L_1、ρ_1、S_1 分别为实际电力电缆长度、导体电阻率和截面积；L_2、ρ_2、S_2 分别为经换算后的等值长度、导体电阻率和截面积。

2. 应用电桥法测寻三相短路接地故障

应用电桥法测寻三相短路接地故障，应架设临时线（低压两芯塑料线）或借用相邻的电力电缆线路构成测试回路。

图 7-4 所示是应用 QF1-A 型电力电缆探伤仪测寻三相短路接地故障接线图。

这种测试方法又称二次测试法，第一次测试按图 7-4（a）接线当电桥平衡时，读取可调电阻的数值 R_{k1}，测试回路的等效总长度为

$$L_A + L_B = \frac{L_B}{R_{k1}} \tag{7-3}$$

式中：L_A 为临时线或借用电力电缆的长度，m；L_B 为故障电力电缆的长度，m。

第二次测试按图 7-4（b）接线，当电桥平衡时，读取可调电阻数值 R_{k2}，测试端到故障点距离为

$$L_x = (L_A + L_B) R_{k2} \tag{7-4}$$

将 $L_A + L_B = \dfrac{L_B}{R_{k1}}$ 代入式（7-4）得

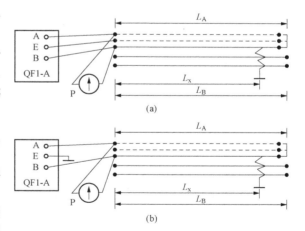

图 7-4　测寻三相短路接地故障接线图
（a）测等效长度；（b）测故障点距离

$$L_x = \frac{R_{k2}}{R_{k1}} L_B \tag{7-5}$$

3. 应用电桥法测寻故障的注意事项

（1）跨接线要短，并有较大的截面积。

（2）如果同一条电力电缆线路中电力电缆导体材料和截面积不相同，应换算成相同材料和截面积的等值长度。

（3）电力电缆线路中如有分支线路应拆开后分别测试。

（4）当故障电阻偏大，如因电源电压为 600V，使检流计灵敏度不够时，可适当升高电源电压。例如接入 1500V 直流测试电源，仪器置放和操作人员脚下必须有绝缘垫，以确保安全。

4. 应用电桥法测寻电力电缆外护层故障

电力电缆外护层绝缘损坏，可应用 YJDT-1 型电力电缆外护层故障探测仪进行故障测距。如应用电桥法测试，为消除杂散电流干扰，可在检流计上串接一个电感线圈，如图 7-5 所示。

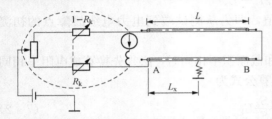

图 7-5　电桥法测寻电力电缆外护层故障接线图

三、应用脉冲法测寻电力电缆故障

1. 应用低压脉冲反射法测寻断线故障

低压脉冲反射法测寻断线故障的测寻仪器有脉冲波发生器和示波器等。测试时，在测试端，向电力电缆故障相输入脉冲波，脉冲波按固定波速在电力电缆中传输，当传输到故障点时，由于波阻抗发生变化，在故障点产生一个反射脉冲，回送到示波器。

通过示波器记录的发送脉冲和反射脉冲之间的时间间隔和已知脉冲波在电力电缆中的波速度，即可算出从测试端到故障点的距离，其计算公式为

$$L_x = v\,\frac{\Delta t}{2} \tag{7-6}$$

式中：L_x 为从测试端到故障点的距离，m；v 为脉冲波在电力电缆中的传播速度，m/μs；Δt 为发送脉冲和反射脉冲之间的时间间隔，μs。

应用现代微电子技术研制的新型智能化电力电缆故障探测仪器，可将采集信号通过计算及处理，并直接打印输出波形和测试结果，使电力电缆故障探测更为简便和准确。

2. 应用直流高压闪络测试法（直闪法）测寻闪络型故障

对于电力电缆闪络型故障，由于故障点电阻较大，在故障点没有明显反射，不宜用直接测试的低压脉冲反射法来测寻，如采用直闪法则能迅速测出故障点距离。

直闪法的工作原理是采用施加高电压将电力电缆故障点瞬时击穿，通过线性电流耦合器采集电力电缆中故障击穿产生的电流型波信号，经分析判断电流行波信号在测量端与故障点往返的时间来计算故障距离。应用 T-903 型电力电缆故障测距仪测寻闪络型电力电缆故障接线如图 7-6 所示。

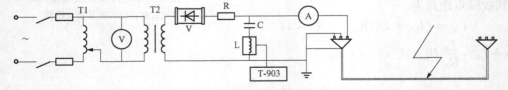

图 7-6　直闪法测寻闪络型故障接线

T1—调压器；T2—高压试验变压器；V—高压硅堆；C—电力电容；L—线性电流耦合器；R—限流电阻

图 7-6 中，调压器和试验变压器的容量要求不小于 1kVA，高压硅堆 V 经整流输出直流电压为 30～60kV，输出电流不小于 100mA。C 为储能电容器，L 为线性电流耦合器，经同轴电力电缆接到 T-903 仪器。

经测出脉冲波从测试端到故障点往返时间 Δt 后，测试端到故障点的距离 L_x 可用式（7-6）计算，T-903 测试仪可自动显示出测试端到故障点距离。

3. 应用冲击高压闪络测试法（冲闪法）测寻短路（接地）故障

应用 T-903 型电力电缆故障测距仪按冲闪法测试接线如图 7-7 所示。冲闪法与直闪法的不同点在于串联了一对球闪隙。在升压过程中直流电压先对电力电容器充电，当升压到某一数值时，球间隙击穿，电力电容器对电力电缆放电，把直流高压突然加到电力电缆上。

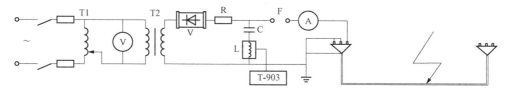

图 7-7 冲闪法测试接线

T1—调压器；T2—高压试验变压器；V—高压硅堆；F—放电球间隙；C—电力电容；

L—线性电流耦合器；R—限流电阻

用冲闪法测寻故障要注意判断故障点是否击穿放电。只有当球间隙的间隙足够大，其放电电压超过故障点临界击穿电压时，故障点才击穿放电。同时要注意脉冲电流波形中的第一个脉冲是球间隙击穿时电力电容器对电力电缆放电引起的，要把这一脉冲波形与故障点放电脉冲区别开。分析脉冲电流波形，找出故障点放电电流脉冲波及其在测量点反射脉冲波，由电流脉冲在故障点与测量点之间往返一次所需的时间，即可计算测量点到故障点的距离，并在仪器上自动显示出来。

4. 在测试盲区内的故障测距

当故障点在接近电力电缆终端的一较短距离内，反射脉冲波形和发射脉冲波形发生重叠，使两个脉冲波形无法区分，这就是脉冲波出现了测试盲区现象。在测试盲区内的电力电缆故障测距，可将非测试端的故障相和另一相跨接，然后在测试端通过另一相发射脉冲波，将两次记录的波形分别存储，并重合在一起做对比，找出两者差别，可发现第二次测试结果表明故障点在超过电力电缆终端的一段距离内。据此确定初测故障点位置。

第三节 电力电缆故障精确定点

电力电缆故障的精确定点的常用方法有冲击放电声测法和跨步电压法。跨步电压法适用于金属性接地故障和电力电缆护层接地故障的精确定点，而其他类型故障一般都可采用冲击放电声测法。

一、冲击放电声测法

1. 冲击放电声测法原理

冲击放电声测法（简称声测法）是指利用直流高压试验设备向电容器充电、储能，当电压达到某一数值时球间隙击穿，高压试验设备和电容器上的能量经球间隙向电力电缆故障点放电，产生机械振动声波，凭人耳的听觉予以判断的方法。声波的强弱，取决于击穿放电时的能量。能量较大的放电，可以在地坪表面辨别，能量小的就需要用灵敏度较高的拾音器（或"听棒"）沿初测范围加以辨认。放电功率的大小决定于放电电压和接地电阻，其间相互关系为

$$P = UI = \frac{U^2}{R} \qquad (7-7)$$

式中：P 为放电功率，W；U 为放电电压，V；I 为放电电流，A；R 为接地电阻，Ω。

声测试验中的放电电流主要由高压电容器提供，为充分发挥电容器的储能功效，接地电阻应在一定范围内，不宜太小。声测试验中调压器和试验变压器容量为 1.5kVA，高压硅堆额定反峰电压为 100kV，额定整流电流为 200mA，球间隙直径为 10～20mm，电力电容器容量 2～10μF。

2. 冲击放电声测法的试验接线

冲击放电声测法有短路（接地）、断线不接地和闪络三种类型故障声测接线方式，三种类型故障声测定点试验分别有以下的特点：

（1）短路（接地）故障声测定点。短路（接地）故障声测时，直流高压经球间隙接到电力电缆故障相终端导体，将另一端终端尾线拆开，如图 7-8（a）所示。调节球间隙距离，控制声测放电电压为 20kV 左右，延长时间间隔为 3s 左右。

（2）断线不接地故障声测定点。断线不接地故障声测时，应将电力电缆线路另一端接地，已构成放电回路，如图 7-8（b）所示。有时还可利用电力电缆导体断开点作为放电间隙，而不加球间隙。

（3）闪络故障声测定点。闪络故障声测时，将另一端终端尾线拆开。一般加球间隙，甚至不接电容器，用直流试验电压直接加到故障点使之放电，如图 7-8（c）所示。

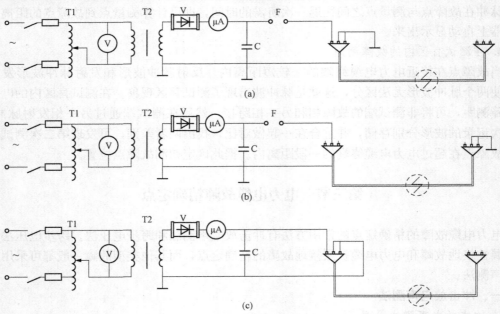

图 7-8　声测实验接线

（a）短路（接地）故障；（b）断线不接地故障；（c）闪络故障

T1—调压器；T2—试验变压器；V—高压硅堆；F—球间隙；C—电容器

3. 冲击放电声测法听不到声音的原因分析

应用声测法定点有时听不到放电声，一般有以下几种原因：

（1）故障测距（初测）误差较大。可采取两端分别进行测试，如果应用脉冲法测试，可再用电桥法两端测试，以减少能量损耗。

（2）电力电缆线路路径图不准确，或者现场道路参照物变化，无法准确找到电力电缆走向，可应用电力电缆路径探测仪测定故障段电力电缆实际路径。

（3）可能是金属性接地故障，放电能量太小，可改用跨步电压法或感应法进行故障定点。

（4）由于现场道路经过改造路面加厚，致使放电声很难听到，可用电力电缆路径探测仪测定故障段电力电缆路径和埋设深度。

（5）由于现场交通繁忙，环境噪声干扰，无法听到放电声，可选择在深夜或凌晨时进行声测定点试验。

二、跨步电压法

1. 金属性接地故障精确定点

由于电力电缆金属性接地故障的短路（接地）电阻很低，约为几欧姆或几十欧姆，如用声测法定点，往往听不到放电声，这时可应用跨步电压法定点。

金属性接地故障定点需将经初测确定的电力电缆故障段挖出，用测量电力电缆金属护套跨步电压的方法定点。跨步电压法的直流电源接线如图 7-9 所示。其中，主要设备是一台 5kVA 的单相降压变压器、一台 5kVA 的单相调压器、一组桥式整流器和电容滤波器。

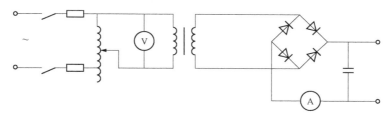

图 7-9　跨步电压法的直流电源接线

将直流电源的电流调整到 10A 左右，将其加在电力电缆故障相导体和金属护套之间。直流电源的一部分通过故障点流入大地，而另一部分则经故障点沿电力电缆金属护套流向电力电缆两个终端接地点再流回电源负极。直流电流在金属护套中流过将形成一定压降，而在故障点两侧电流方向是相反的，如图 7-10 所示。

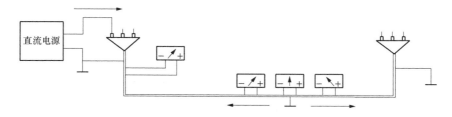

图 7-10　跨步电压法电力电缆故障定点原理图

选用高灵敏度的微安级直流检流计，先在近终端处电力电缆金属护套上选择相距约

50cm 两点测量直流电压，认准电流方向并做好记录。然后将经初测确定的电力电缆故障段挖出，剥去铠装，选择金属护套上间距约 50cm 的两点测量电压，如电流方向与前面终端处测试一致，则故障点还靠近另一端；如方向相反，则表示已超过故障点。这样重复测量数次可找到电流方向相反的临界点即为故障点。

2. 电力电缆护套层故障的精确定点

由于电力电缆外护层的整体绝缘水平较低，不宜采用声测法，而应采用跨步电压法定点。其方法是将直流电源"＋"极接到交叉互联箱内同轴电力电缆的导体上，"－"极接地，即对电力电缆金属护套施加了一直流电压，加压范围在 0～4kV 可调，仪器输出的直流电流为 0～450mA。

用测试棒先在同轴电力电缆始端测试跨步电压的极性。施加了直流电压的电力电缆金属护套在外护层故障点有直流电经大地流向电力电缆线路两端，如图 7-11 所示。用检流计沿着电力电缆线路路径测试地面上任意两点跨步电压在护层故障点的前后，跨步电压的极性相反，而故障点正上方跨步电压为零。

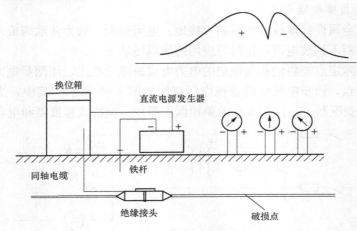

图 7-11　跨步电压测电力电缆外护层故障点

YJDT－1 型电力电缆外护层故障探测仪是应用跨步电压法原理制造的测试仪。该仪器具有故障初测、路径探测和精确定点三种功能。

第四节　电力电缆线路路径探测和鉴别

一、电力电缆路径探测

1. 路径探测仪

电力电缆线路路径探测仪的作用是探测电力电缆线路路径，它由音频信号源、通用信号接收机、探测线圈和耳机组成。常用探测仪为 QF-2 型电力电缆路径探测仪。其基本工作原理是，当电力电缆导体中流过交变电流（音频或工频）时，它的周围便存在着交变磁场，当导电线圈接近交变磁场时在线圈中将感应出交变电流，根据电磁感应定律，线圈中感应电流的大小取决于穿过线圈磁力线的多少，并与线圈与磁场的耦合程度有关。当电力电缆线路探测仪的探测线圈在运行中的电力电缆线路或输入了音频信号的电力电缆线路上方移动时，工频或音频电流形成的交变磁场在探测线圈中感应出交变电流信号，并通过信号接收机放大后输入耳机或微安表，在探测线圈移动时信号大小会变化，由此判断出电力电缆线路路径。

2. 音谷法和音峰法

按照探测线圈磁棒与地面垂直或平行两种方式，探测电力电缆线路路径有音谷法和音峰法两种，如图 7-12 所示。

（1）音谷法是音量低谷法，操作时将探测线圈的磁棒与地面呈垂直方向，慢慢移动探测线圈，当线圈位于电力电缆正上方时，磁力线与线圈平面平行，探测线圈与电磁场耦合最差，穿过探测线圈中的磁力线几乎为零，耳机中听不到信号音响。当探测线圈向两边移动时，线圈与磁场耦合量逐渐增大，耳机中音量随之逐渐增大，直到某一距离时音量最大，继续移动线圈音量又逐渐减小，音量呈马鞍状曲线。音量低谷位置应是电力电缆路径位置，如图 7-12（a）所示。

（2）音峰法是音量峰值法，操作时探测线圈的磁棒与地面成平行而电力电缆线路方向垂直。慢慢移动探测线圈，当线圈位于电力电缆上方时耳机中音量最强，向两边移动时耳机中音量逐渐变弱，如图 7-12（b）所示。音量峰值处应是电力电缆路径位置。

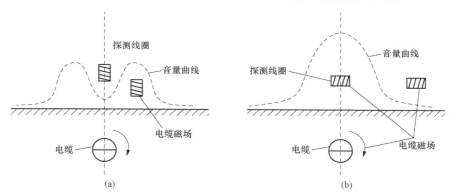

图 7-12　探测电力电缆路径方法示意
（a）音谷法；（b）音峰法

二、电力电缆线路鉴别

当一条需要检修的电力电缆线路和几条电力电缆并列敷设时，必须对电力电缆线路做出正确鉴别，即在几条电力电缆中正确识别出需要检修的电力电缆线路。鉴别电力电缆线路的第一个步骤是核对电力电缆线路图。通常从线路图上电力电缆和接头所标注的各种尺寸，在现场按图上建筑物边线等测量参考点为基准，实际进行测量和核对，一般可以初步判断需要检修的电力电缆。鉴别电力电缆线路的第二个步骤是采取一定措施，对电力电缆线路做出进一步鉴别。常用鉴别方法有以下几种。

1. 工频感应鉴别法

在工频状态下运行的电力电缆周围，存在着交流电感应产生的交变磁场，应用绕制在矽钢片上的感应线圈，直接放在电力电缆上，其线圈中将产生工频交流电信号，接通耳机则可收听。将感应线圈放在已停电待检修的电力电缆上，由于其导体中没有电流通过，因而听不到声音。而感应线圈放在邻近有电的电力电缆上，则能从耳机中听到交流电信号。这种方法操作简单，缺点是当并列电力电缆条数较多时，由于相邻电力电缆之间的工频信号相互感应，信号强弱难以区别。

2. 音频信号鉴别法

应用 QF - 2 型电力电缆路径探测仪，在需要检修的电力电缆线路接入一特定音频信号，然后应用探测线圈和耳机在现场收听，以对电力电缆线路进行鉴别。接入音频信号有两种方法，一种是将音频信号源的输出端与电力电缆一端的两相导体连接，而将电力电缆另一端的两相导体跨接或三相短路接地；另一种方法是将音频信号接在电力电缆一相导体与接地的金属护套之间，在另一端也将该相导体与金属护套连接。

当音频信号源开机后，发出 1kHz 或 10kHz 的音频信号，在待鉴别的电力电缆处，用通用接收机、探测线圈和耳机，能听到有规律的"嘟嘟"声。当探测线圈环绕待测电力电缆转动时，耳机中的音频信号有明显的强弱变化。采用第一种接法时，当探测线圈分别在两相接入信号的导体正上方或正下方时，音频信号最强。采用第二种接法时，当探测线圈靠近接入信号的导体一侧时音频信号最强。这样可与邻近电力电缆的工频电流、零序电流和高次谐波电流所产生的干扰信号相区别，从而鉴别出接入音频信号的电力电缆是否需要检修。

3. 脉冲电流鉴别法

应用由脉冲电流发生器、夹钳线圈和指示仪组成的电力电缆识别仪，在待检修的电力电缆终端导体上输入可调脉冲电流，将另一端终端导体与接地网连接（注意不要接到电力电缆屏蔽层上）。测试时夹钳箭头方向应始终指向另一端，如图 7 - 13 所示。先在测试端电力电缆终端下用夹钳线圈夹住电力电缆，指示仪指针应向顺时针偏转。在待鉴别的电力电缆处，当夹钳线圈夹到临近其他电力电缆时，由于电力电缆金属护套上返回电流的作用，指示仪指针应向相反方向偏转，据此可鉴别出待检修的电力电缆线路。

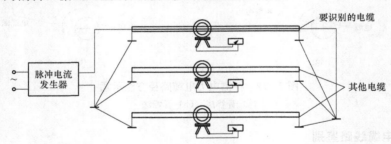

图 7 - 13　脉冲电流鉴别法示意

参 考 文 献

[1] 张桥峰，周凯，李康乐，等. 不同交联温度下交联聚乙烯绝缘中的水树生长特性研究 [J]. 中国电机工程学报，2021，58（1）：1-9.

[2] 王瑶瑶，姚周飞，谢伟，等. 基于时频域反射法的高温超导电缆故障定位研究 [J]. 中国电机工程学报，2021，58（1）：1-7.

[3] 张成，王卫东，杨延滨，等. 新型电缆多参量带电检测装置设计与应用 [J]. 中国电力，2020，65（12）：1-7.

[4] 史传卿. 电力电缆 [M]. 北京：中国电力出版社，2005.

[5] 方春华，叶小源，杨司齐，等. 水分对 XLPE 电缆中间接头电场和击穿电压的影响 [J]. 华北电力大学学报（自然科学版），2020，47（6）：1-10.

[6] 杨世迎，祝贺，何文，等. 外部冲击下电力电缆护套结构性损伤研究 [J]. 振动与冲击，2020，39（24）：122-127.

[7] 黄永禄，周凯，谢敏，等. 基于改进 CFSFDP 算法的变频谐振下电缆局部放电脉冲分离方法 [J]. 高电压技术，2020，46（12）：4326-4333.

[8] 李科，张云霄，周远翔，等. 退火速率对环保型聚乳酸材料直流击穿和电导电流特性的影响 [J]. 电工技术学报，2020，35（24）：5041-5049.

[9] 周凯，李诗雨，尹游，等. 退运中压 XLPE 和 EPR 电缆老化特性分析 [J]. 电工技术学报，2020，35（24）：5197-5206.

[10] 程养春，赵丽，倪辉，等. 基于现场故障数据的 XLPE 电缆局放缺陷严重程度诊断方法 [J]. 绝缘材料，2020，53（12）：90-96.

[11] 王孟夏，周生远，杨明，等. 计及海底电缆热特性的可接纳海上风电装机容量评估方法 [J]. 电力系统自动化，2020，44（24）：1-9.

[12] 陈曦，骆高超，曹杰，等. 基于改进 K-近邻算法的 XLPE 电缆气隙放电发展阶段识别 [J]. 电工技术学报，2020，35（23）：5015-5024.

[13] 王宏宇，李永丽，张云柯，等. 单电源多级串供型输电线路距离保护误动原因分析及改进 [J]. 电力自动化设备，2020，48（12）：1-7.

[14] 马星河，张登奎，朱昊哲，等. 基于 EWT 的高压电缆局部放电信号降噪研究 [J]. 电力系统保护与控制，2020，48（23）：108-114.

[15] 徐彦，方华亮，廖家齐，等. 基于风险评估的集成式隔离断路器运维策略 [J]. 高电压技术，2020，46（11）：3951-3959.

[16] 王霞，王华楠，陈飞鹏，等. 电晕放电加速硅脂劣化对硅橡胶绝缘表面性能的影响 [J]. 高电压技术，2020，46（11）：3977-3985.